歡 迎

恐龍
統治的世界

穿越一億六千萬年，
令你知識淵博的恐龍圖鑑

監修：小林快次　翻譯：李彥樺　審訂：蔡政修

國立臺灣大學生命科學系助理教授

前言

　　恐龍的生存史至少可以回溯至2億3000萬年前，早在地球歷史的中生代三疊紀開始，地球上就有恐龍的身影。後來歷經了同樣是中生代的侏羅紀、白堊紀等輝煌年代，最後在白堊紀的末期滅絕。

　　這1億6000萬年間的歲月裡，恐龍是地球生態系統的統治者，同時也是地球上所有動物之中，曾經最活躍、演化最多樣化的動物。

　　有些人聽到這裡，心裡或許會認為「人類在地球上的榮景樣貌可不會輸給恐龍」。但是人類的歷史，即便從最古老的「猿人」算起，到今日大概也只有6、700萬年而已。和恐龍的生存時代長度比起來，我們人類的生存時代長度只有牠們的25分之1。

　　這樣一說，大家應該不難想像「恐龍的時代」有多麼漫長。

　　在這段漫長的歲月裡，恐龍演化出各種外貌，而這多樣性的演化過程，其實也是恐龍的求生史。

　　在當時弱肉強食的地球上，恐龍為了戰勝其他恐龍（或不是恐龍的動物），有些恐龍的體型變得超級巨大、有些恐龍的身上出現了鎧甲，還有一些恐龍變得能夠在天上飛行。

　　或許你已經知道，如今地球上那些翱翔於天空的鳥類，都是從恐龍中的「獸腳類」恐龍演化而來。

　　因此我們可以說，恐龍並沒有滅絕。

　　在這麼多恐龍之中，為什麼只有小型獸腳類恐龍能存活下來，演化成鳥類呢？只要仔細閱讀本書，你就會知道答案。

　　現在，請搭配著栩栩如生的插畫，欣賞這場大卡司的恐龍求生記吧！

「中生代」的地球是由恐龍統治

中生代可區分為三個紀，分別為恐龍誕生的「三疊紀」、恐龍活躍的「侏羅紀」，以及恐龍滅絕的「白堊紀」。

中生代									
三疊紀							侏羅紀		
2億5200萬年前 二疊紀末期大滅絕	出現魚龍 2億4800萬年前	2億4800萬年前	主龍類種類增加 2億3500萬年前	陸地上出現恐龍 2億3000萬年前	出現哺乳類動物 2億2500萬年前	三疊紀末期大滅絕 2億130萬年前	出現脖子很長的巨大蜥腳類 1億9500萬年前	出現擁有銳利牙齒的上龍類 1億9000萬年前	

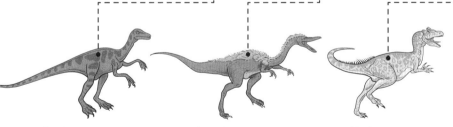

▲始盜龍

最古老的恐龍之一，推測能以兩條後腿奔跑，而且速度很快。

▲腔骨龍

小型的肉食性恐龍，可能是第一種懂得團體生活和集體狩獵的恐龍。

▲異特龍

侏羅紀時期最大的肉食性恐龍，特徵是眼睛的上方有著頭骨演化成的角。

地質年代＊

前寒武紀時代			古生代						中生代			新生代					
												古近紀			新近紀		第四紀
生命誕生	出現多細胞生物	埃迪卡拉紀	寒武紀	奧陶紀	志留紀	泥盆紀	石炭紀	二疊紀	三疊紀	侏羅紀	白堊紀	古新世	始新世	漸新世	中新世	上新世	更新世／全新世
42〜38億年前	10億年前？	6億3500萬年前	5億4100萬年前	4億8540萬年前	4億4380萬年前	4億1920萬年前	3億5890萬年前	2億9890萬年前	2億5190萬年前	2億130萬年前	1億4550萬年前	6600萬年前	5600萬年前	3390萬年前	2303萬年前	533萬年前	258萬年前／1萬2000年前

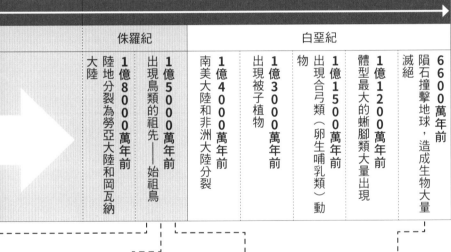

侏羅紀			白堊紀				
大陸	1億8000萬年前 陸地分裂為勞亞大陸和岡瓦納大陸	1億5000萬年前 出現鳥類的祖先——始祖鳥	1億4000萬年前 南美大陸和非洲大陸分裂	1億3000萬年前 出現被子植物	1億2000萬年前 體型最大的蜥腳類大量出現	1億1500萬年前 出現合弓類（卵生哺乳類）動物	6600萬年前 隕石撞擊地球，造成生物大量滅絕

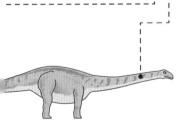

▲迷惑龍
擁有細長牙齒的大型植食性＊恐龍，最大特徵是長長的脖子和尾巴。

▲劍龍
頭很小，腦袋也很小的植食性恐龍，背上排列著好幾片骨板。

▲暴龍
據推測是體型最大的肉食性恐龍之一，牙齒咬合力量也是恐龍界中最強。

恐龍的演化和種類

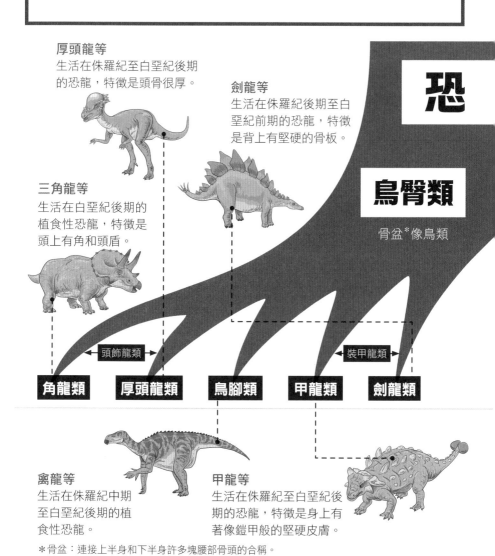

厚頭龍等
生活在侏羅紀至白堊紀後期的恐龍，特徵是頭骨很厚。

劍龍等
生活在侏羅紀後期至白堊紀前期的恐龍，特徵是背上有堅硬的骨板。

三角龍等
生活在白堊紀後期的植食性恐龍，特徵是頭上有角和頭盾。

恐

鳥臀類

骨盆*像鳥類

◄—► 頭飾龍類

◄—► 裝甲龍類

角龍類　**厚頭龍類**　　**鳥腳類**　　**甲龍類**　**劍龍類**

禽龍等
生活在侏羅紀中期至白堊紀後期的植食性恐龍。

甲龍等
生活在侏羅紀至白堊紀後期的恐龍，特徵是身上有著像鎧甲般的堅硬皮膚。

＊骨盆：連接上半身和下半身許多塊腰部骨頭的合稱。

從相同的祖先分化出鳥臀類和蜥臀類

　　誕生於三疊紀的主龍類恐龍，分化出鳥臀類和蜥臀類這兩個分支。這兩類恐龍最大的差異在於骨盆的形狀：**鳥臀類的骨盆像鳥類，蜥臀類的骨盆像蜥蜴**。請注意現代的鳥類是由「蜥臀類恐龍」演化而來。

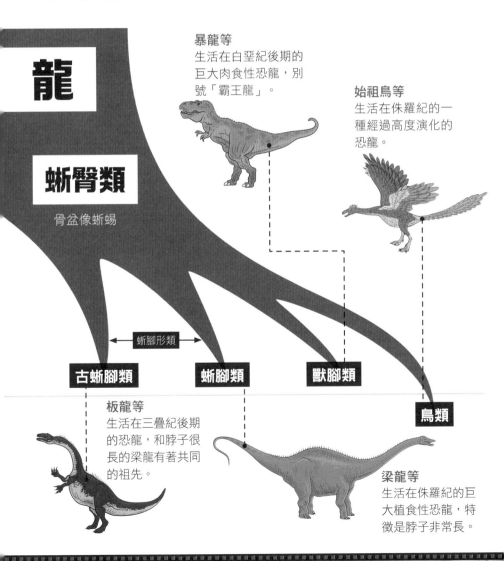

龍

蜥臀類

骨盆像蜥蜴

暴龍等
生活在白堊紀後期的巨大肉食性恐龍，別號「霸王龍」。

始祖鳥等
生活在侏羅紀的一種經過高度演化的恐龍。

蜥腳形類

古蜥腳類

蜥腳類

獸腳類

鳥類

板龍等
生活在三疊紀後期的恐龍，和脖子很長的梁龍有著共同的祖先。

梁龍等
生活在侏羅紀的巨大植食性恐龍，特徵是脖子非常長。

獸腳類

（Theropoda）

※本書中恐龍名稱後的拉丁字母若為學名，
　則以斜體表示。

角鼻龍類（Ceratosauria）

生活在侏羅紀中期至後期，獸腳
類恐龍中的一類，化石的主要發
現地為南半球。同伴有角鼻龍、
輕巧龍、阿貝力龍等。

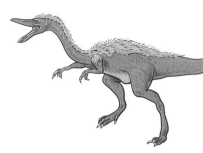

◀腔骨龍（Coelophysis）

生活在三疊紀後期至侏羅紀前
期的小型肉食性恐龍。據推測
腔骨龍是在演化途中，從角鼻
龍類、堅尾龍類的祖先分化出
來的獸腳類恐龍。

角鼻龍（Ceratosaurus）▶

生活在侏羅紀中期至後期的肉食
性恐龍，主要分布在北美大陸和
非洲大陸。拉丁學名具有「有角
的蜥蜴」的意思，特徵是鼻子上
有角。

獸腳類的特徵

　　獸腳類恐龍最早出現在三疊紀，特徵是能以兩條後腿行
走，而且絕大部分都是肉食性恐龍。這一類恐龍的演化範圍
廣，從小型的迅猛龍到陸地肉食性動物中體型最大的暴龍、棘
龍都屬於這一類的恐龍。最新的研究顯示大多獸腳類恐龍的身
上長著羽毛，現代的鳥類也是獸腳類恐龍。

堅尾龍類（Tetanurae）

異特龍、暴龍、恐爪龍等這類知名的肉食性恐龍都屬於堅尾龍類，在分類學上，鳥類也屬於這一類。牠們能用兩條後腿走路，和利用不太會彎曲的筆直尾巴來維持身體平衡。拉丁學名的意思是「有著堅硬尾巴的生物」。

▼棘龍類（Spinosauridae）

這是一群在白堊紀前期最為繁盛的肉食性恐龍。據推測主食是魚類，大部分的時間都在水中度過。

棘龍（Spinosaurus）
成體的體長約14公尺，是史上最大的食魚恐龍，特徵是擁有像鱷魚一樣的長頸和背上長達1.8公尺的棘帆。

異特龍（Allosaurus）
繁盛於侏羅紀後期的肉食性恐龍，特徵是眼睛的前方有著三角形的角。

▲肉食龍類（Carnosauria）

生活在侏羅紀和白堊紀的大型肉食性恐龍，拉丁學名中的「Carno」是「吃肉」的意思，同伴包含著名的異特龍、南方巨獸龍、魁紂龍等。

虛骨龍類（Coelurosauria）▶

出現在侏羅紀中期的小型獸腳類恐龍，特徵是有著三根指頭的前肢和細長的尾巴。據推測這一類恐龍在演化過程中，身上出現了羽毛。

暴龍（Tyrannosaurus）
生活在白堊紀的肉食性恐龍。科學家發現了其大型近親恐龍的羽毛化石，因此推測暴龍身上也有羽毛。

蜥腳形類（Sauropodomorpha）

古蜥腳類（Prosauropoda）

出現在三疊紀的一群植食性恐龍，在侏羅紀前期滅絕。特徵是角質所形成的喙、特別長的拇指指甲，以及兩條腿走路的姿勢。

約8公尺

◀板龍（*Plateosaurus*）

早期的蜥腳類恐龍，化石發現於三疊紀後期的歐洲地層中。主要是用兩條腿走路，因此沉重的身體並不是由四肢一起支撐。

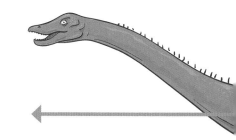

蜥腳形類的特徵

　　蜥腳形類恐龍是一群活躍於三疊紀後期至白堊紀後期的植食性恐龍，全世界都可看見牠們的蹤影，迷惑龍、腕龍都屬於這一類的恐龍。特徵是頭很小、脖子很長、軀體巨大、尾巴很長。據推測早期的蜥腳形類恐龍是用兩條腿走路，但隨著身體越來越大，漸漸變成以四條腿走路，經常會成為大型獸腳類恐龍的獵物。

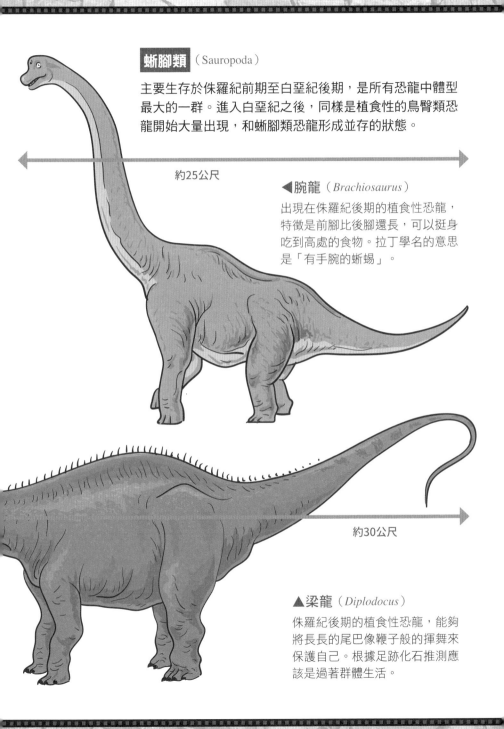

蜥腳類（Sauropoda）

主要生存於侏羅紀前期至白堊紀後期，是所有恐龍中體型最大的一群。進入白堊紀之後，同樣是植食性的鳥臀類恐龍開始大量出現，和蜥腳類恐龍形成並存的狀態。

約25公尺

◀腕龍（*Brachiosaurus*）

出現在侏羅紀後期的植食性恐龍，特徵是前腳比後腳還長，可以挺身吃到高處的食物。拉丁學名的意思是「有手腕的蜥蜴」。

約30公尺

▲梁龍（*Diplodocus*）

侏羅紀後期的植食性恐龍，能夠將長長的尾巴像鞭子般的揮舞來保護自己。根據足跡化石推測應該是過著群體生活。

11

鳥臀類

（Ornithischia）

裝甲龍類（Thyreophora）

生活在侏羅紀至白堊紀末期鳥臀類植食性恐龍中的一群，為了抵禦肉食性恐龍的攻擊，有些恐龍身上有鎧甲（甲龍類），有些則有硬板或尖刺（劍龍類）。

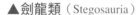

▲劍龍類（Stegosauria）
生活在侏羅紀後期的植食性恐龍，特徵是背上排列著骨板，據推測骨板內部可流通血液，有調節體溫的功能。

▲甲龍類（Ankylosauria）
白堊紀繁盛的植食性恐龍，身體表面覆蓋著宛如鎧甲般的皮膚，尾巴的前端還有著相當大的骨塊，能夠揮舞尾巴來抵禦肉食性恐龍的攻擊。

鳥臀類的特徵

　　這一類恐龍的骨盆類似鳥類，位於骨盆前下方的恥骨向後延伸。大多數鳥臀類恐龍的嘴都像鳥喙。鳥臀類還可細分為生活在侏羅紀至白堊紀的劍龍類、白堊紀的甲龍類、侏羅紀至白堊紀的鳥腳類，以及白堊紀的角龍類和厚頭龍類。劍龍類和甲龍類合稱為裝甲龍類，厚頭龍類和角龍類合稱為頭飾龍類。

鳥腳類（Ornithopoda）

這是一群通常以兩條腿行走的植食性恐龍。生活在侏羅紀後期至白堊紀後期，包含南極大陸在內的世界各地都能看見牠們的蹤影。同伴有禽龍、稜齒龍、副櫛龍等。

▲禽龍（*Iguanodon*）

嘴像鳥喙，裡頭藏有數百顆牙齒，能將植物磨碎，下顎的關節可以左右移動。

頭飾龍類（Marginocephalia）

這類恐龍的頭上有些有著尖角或盾板（角龍類），有些則有著高高突起的厚實頭骨（厚頭龍類）。最早出現在侏羅紀，在白堊紀後期大量繁衍。

▲厚頭龍（*Pachycephalosaurus*）

白堊紀繁盛的植食性恐龍。過去科學家認為牠們會以堅硬的頭骨和同伴打架，來分出族群地位的高低，但現在有另一派說法認為那只是吸引異性的裝飾。

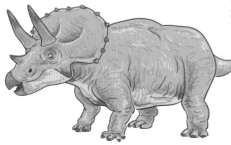

◀三角龍（*Triceratops*）

白堊紀繁盛的植食性恐龍，是存活至白堊紀最末期的恐龍之一，頭上有著三根大角。

無齒翼龍、滄龍，不是恐龍

翼龍類 （Pterosauria）

和恐龍有著共同的祖先，但在三疊紀後期分化出來，在分類上並不屬於恐龍。翼龍的種類非常多，有的體型和小鳥差不多，有的張開翅膀可達10公尺以上。較有名的大型翼龍有無齒翼龍、風神翼龍等。

▲**無齒翼龍**（*Pteranodon*）
生活在白堊紀後期的翼龍，其拉丁學名的意思是「有翅膀但沒有牙齒的生物」。

滄龍（*Mosasaurus*）▶
生活在白堊紀後期的海中蜥蜴類生物，日本附近的海裡也有牠們的蹤影。

滄龍類 （Mosasauridae）

滄龍類生物在分類上較接近蛇、蜥蜴，生活在恐龍時代尾聲的白堊紀後期，可說是海中霸主。

蛇頸龍類（Plesiosauria）

最早出現在三疊紀後期的海棲爬蟲類動物，在侏羅紀、白堊紀也能看見牠們的蹤影。可細分為脖子很長的蛇頸龍亞目類和頭部很大的上龍類。

▲**蛇頸龍**（*Plesiosaurus*）
生活於侏羅紀的海棲爬蟲類動物，拉丁學名的意思是「像爬蟲類的生物」。

▼**魚龍**（*Ichthyosaurus*）
生活在三疊紀後期至侏羅紀前期，大小接近現代的海豚。

魚龍類（Ichthyosauria）

外型類似現代海豚的海棲爬蟲類動物，最早出現在三疊紀前期。在侏羅紀時代相當活躍，但是進入白堊紀之後，地位遭蛇頸龍和滄龍類取代。

這些空中和海中的爬蟲類動物，不是恐龍嗎？

所謂的恐龍，是指能在陸地上直立步行的一群爬蟲類動物，除此之外的爬蟲類動物雖然和恐龍生活在相同的時代，但在分類學上並不算是恐龍。因此生活在海中的蛇頸龍、魚龍、滄龍，以及在天空飛的翼龍，都不算是恐龍。

最大的恐龍體長35公尺、體重70公噸； 最小的恐龍差不多和雞一樣大

許多恐龍 都像巨大的起重機

　　蜥腳類恐龍大多體型巨大，脖子和尾巴都很長，圓滾滾的軀體幾乎和現代的鯨魚一樣大。蜥腳類恐龍之中，又以出土於南美洲阿根廷的阿根廷龍最為巨大。日本最大的丹波巨龍，全長也有10公尺以上。

▲阿根廷龍（*Argentinosaurus*）（p.71）

出土於阿根廷，據推測體長約35公尺，體重約70公噸，但由於尚未發現完整的骨骼化石，因此科學家對此種恐龍仍不清楚。

※關於阿根廷龍、小盜龍的體重、體長和最大、最小恐龍的種類，學界有各種說法，此處介紹的只是其中一種。

體重只有500公克的
最小恐龍

　　獸腳類恐龍中的小盜龍是最小的恐龍，和現在的雞差不多大。據推測身上有羽毛，能夠在天空飛行，或是能像滑翔翼一樣滑翔，生活方式和現代的鳥類差不多。

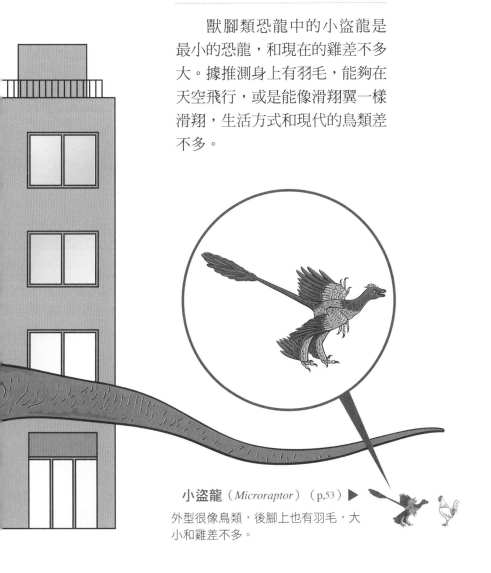

小盜龍（*Microraptor*）（p.53）▶

外型很像鳥類，後腳上也有羽毛，大小和雞差不多。

恐龍化石的誕生過程

化石是如何產生的？

　　活在現代的人類無法親眼目睹恐龍，只能以「化石」來推測恐龍的模樣，但這些化石又是怎麼產生的呢？

　　當恐龍死亡之後，屍體可能會遭其他動物啃食，或是直接埋進土裡，也有一部分的屍體會在海中漂流，最後沉入海底的泥沙之中。

　　當屍體進到泥土中，通常肌肉、體毛、皮膚和鱗片會被細菌分解，只剩下骨頭，時間久了之後，骨頭的上面堆積大量沙土，形成強大的壓力。當這股壓力越來越大，骨頭裡面的物質漸漸被地下水和周圍沙土中的物質取代，此外，骨頭內部的縫隙也常會被碳酸鈣、矽酸鹽等礦物質填滿，久而久之，骨頭就變成了化石。

　　恐龍的屍體能不能變成化石，和環境有非常大的關係。例如在流速湍急的水中，屍體可能會被沖散，沒辦法保留完整的身體；但如果是在流速比較平緩的水中，屍體埋進了泥沙裡，有時可能會連骨頭以外的柔軟身體組織也變成化石。運氣好的話，一些狀態較良好的化石就會露出地表，出現在現代人面前。

恐龍化石的誕生過程

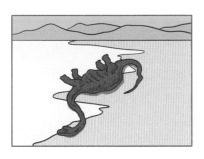

①恐龍在水邊死去

當恐龍橫屍在水邊，肌肉和皮膚可能會被其他動物吃掉，剩下的屍體埋入泥土中，過了一段時間，屍體被細菌分解，只剩下骨頭。

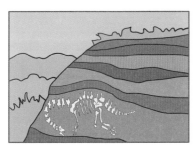

②埋入地層之中

骨頭在地底下承受強大的壓力，漫長時間以後，骨頭裡面的物質漸漸被地下水和周圍堆積物中的礦物取代，形成化石，當然化石也有可能因為壓力而變形。

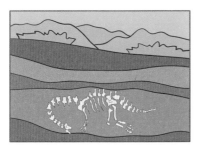

③露出地表

火山運動和地震等「地殼變動」會大幅改變地層，再加上氣象、河水、波浪造成的「風化作用」，部分的化石慢慢露出地表。

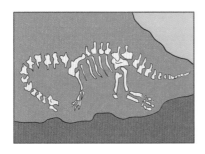

④被人類發現

當人類發現偶然露出地表的化石，就會開始進行挖掘和研究，但能夠被人類發現的化石只有一小部分而已，絕大部分的化石都被壓壞，或還深藏在土裡。

歡迎光臨恐龍統治的世界 目次

Chapter 01

恐龍的生活

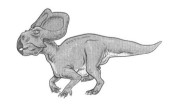

Chapter 02

恐龍的祕密

Chapter 03

全世界恐龍地圖

Chapter 01
恐龍的生活

約2億3000萬年前出現的恐龍,在地球上過著什麼樣的生活?本章將聚焦在中生代的初期至中期,介紹這些恐龍的實際生活方式。

最初的恐龍
出現於2億3000萬年前

關鍵字

二足步行	最早期的恐龍都是以二足步行的方式行走，就算是成體，體長也只有大約1公尺。

始盜龍（*Eoraptor*）

DATA

分類：蜥臀類・蜥腳形類　　**食性**：雜食性
時代：三疊紀後期　　　　　**主要棲息地**：阿根廷
體長：約1公尺　　　　　　**體重**：約5公斤

原本學界認為始盜龍是獸腳類恐龍的祖先，但在2011年，有學者在比較始盜龍和原始獸腳類恐龍「始馳龍」的牙齒和下顎差異後，將始盜龍重新歸類為蜥腳形類。

牙齒像鋸子一樣呈現鋸齒狀。

用兩條腿走路。

前肢較短，有3根主要的指頭。

約1公尺

最初的恐龍長什麼樣子？

　　三疊紀初期出現了一些爬蟲類，其牙齒長在下顎骨的槽洞內，被歸類為「槽齒類」動物。牠們是恐龍的祖先，恐龍都是從牠們的後代子孫演化出來。由於當時氣候乾燥，<u>早期的恐龍具有能耐乾旱的強韌皮膚，產下的蛋也有很硬的殼</u>。在阿根廷出土的始盜龍、艾雷拉龍都屬於這類最古老的恐龍。

艾雷拉龍（*Herrerasaurus*）

DATA

分類：蜥臀類
時代：三疊紀後期
體長：約4.5公尺

食性：肉食性
主要棲息地：阿根廷
體重：約200公斤

下顎關節處柔軟，能夠把嘴張得相當大。

前肢有3根主要的指頭，後腳有5根趾頭。

以兩條腿走路。

長達1億6000萬年以上的緩慢演化

恐龍出現於三疊紀，接著在侏羅紀、白堊紀不斷進行緩慢的演化和分化，有些恐龍的頭上長出了角、有些恐龍的背上長出了棘帆，每種恐龍的外型和能力都不相同，其中一部分的恐龍演化成在天空飛的鳥類。

艾雷拉龍的化石剛出土的時候，學界一般多認為這是一種尚未分化出蜥臀類、鳥臀類的原始恐龍。

恐龍蛋具有堅硬的外殼

有著堅硬外殼的蛋不僅較耐乾旱，而且能夠產在洞穴裡，有助於保護後代不受敵人攻擊。

小知識

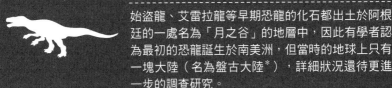

最初的恐龍是在哪裡出現的？

始盜龍、艾雷拉龍等早期恐龍的化石都出土於阿根廷的一處名為「月之谷」的地層中，因此有學者認為最初的恐龍誕生於南美洲，但當時的地球上只有一塊大陸（名為盤古大陸*），詳細狀況還待更進一步的調查研究。

*地質學家認為，地球上的陸地原本是一大塊，稱為盤古大陸，後來到三疊紀開始才裂開、分離，逐漸形成目前大洋和大洲的樣貌。

跑得最快的恐龍，速度可比擬汽車

關鍵字

| 足跡化石 | 藉由分析恐龍的足跡化石，可以知道恐龍的奔跑速度和生活方式。 |

腕龍
時速18公里

暴龍
時速23公里

劍龍
時速7公里

禽龍
時速16公里

從恐龍的足跡可以分析出奔跑速度

　　除了恐龍骨頭化石之外，大量的足跡化石也是相當重要的證據。根據足跡化石的大小和間隔距離，可以推測出恐龍的腰部高度、腳的長度和奔跑速度。近年來科技發達，還可以加入腿部肌肉粗細和長度等條件，用電腦進行更加精密的計算。

似雞龍
時速43～58公里

三角龍
時速26公里

恐爪龍
時速29～42公里

人類
（田徑短跑選手）
時速37公里

※此處介紹的各種恐龍奔跑速度是由澳洲昆士蘭大學的瑟伯恩（Richard Anthony Thulborn）博士所計算而得。

恐龍奔跑速度的計算方式

　　根據足跡化石來計算奔跑速度的方法，源自於現代哺乳類和鳥類動物的觀察結果。但是不同學者根據這個方法所計算出的奔跑速度差異甚大。這個研究方向在未來若能繼續深入探討，分析出各種恐龍的肌肉運動方式和奔跑姿勢，應該能計算出更精準的速度。

小知識

從足跡化石可看出恐龍的生活方式

足跡不只可以看出速度，例如從一些出土於澳洲的足跡化石，可以看出一頭大型恐龍慢慢朝著水邊靠近，接著快速衝向數量約160隻的小型恐龍群，由此可知，足跡還可看出恐龍過著什麼樣的生活。

恐龍的腦
比人類嬰兒的腦還小

關鍵字	
腦的大小	不同的恐龍，腦的大小不一樣，智能應該也不一樣。

暴龍的腦
440公克／體重6000～8000公斤

剛出生的人類嬰兒，大腦的重量約400公克。

非洲象的腦
5700公克／體重6700公斤

恐龍中，腦最大的是暴龍

　　腦很容易腐爛，很難變成化石保存下來，但只要測量頭骨中能夠容納腦的空間，就可以知道腦的大小。**恐龍之中，腦最大的是暴龍，約440公克**。大型恐龍的大腦並不發達，呈細長狀，唯獨嗅球（掌管嗅覺的部位）特別厲害，這一點和一般爬蟲類相同。

各種恐龍的腦，大小不盡相同

　　體型最大的腕龍，腦比暴龍的還小，只有約220公克，劍龍的腦更小，只有23公克，差不多像顆核桃。另一方面，小型恐龍中手盜龍類的傷齒龍，腦的重量約45公克，和現代的鴕鳥差不多，形狀上大腦半球膨脹、嗅球退化、視葉（掌管視覺的部位）特別發達，這特徵不像爬蟲類，比較像是原始的鳥類。

腕龍
220公克／體重20公噸以上

異特龍
200公克／體重2000公斤

傷齒龍
45公克／體重50公斤

傷齒龍被認為是一種很像鳥的恐龍，和其嬌小的體型相比，腦相對較大且發達。

劍龍
23公克／體重2000公斤

小知識

傷齒龍不只給孩子魚吃，還會教牠們釣魚？

學界普遍認為傷齒龍是一種特別聰明的恐龍，據推測，牠們可能懂得把樹果埋在雪中保存，還懂得讓昆蟲浮在河面上，吸引魚隻過來，再加以獵食。甚至有學者主張傷齒龍會教導自己的孩子如何狩獵。

有些恐龍
會養育自己的孩子

關鍵字

孵蛋	有些恐龍會築巢孵蛋，把孩子養大，讓孩子順利存活下來。

慈母龍（*Maiasaura*）

DATA

分類：鳥臀類・鳥腳類	食性：植食性
時代：白堊紀後期	主要棲息地：美國
體長：約7公尺	體重：約2.5公噸

在出土的巢穴化石裡，約有30顆蛋，每顆蛋約20公分長。這些蛋都被埋在巢穴的中心，做法類似鱷魚。

發現慈母龍的幼龍

負責挖掘慈母龍化石的美國古生物學家傑克・霍納（Jack Horner），發現有些剛孵化出來的幼龍，牙齒竟然出現磨損的痕跡。根據這個現象，霍納推測成龍會找食物來餵養剛出生的幼龍。另外，學界一般認為像慈母龍這類鴨嘴龍科的恐龍，會一大群聚集在一起，建立地盤並築巢。

恐手龍巢的形狀像甜甜圈，成龍
或許會以長達2.5公尺的翼臂來
保護自己的蛋。

恐手龍（*Deinocheirus*）

DATA

分類：蜥臀類・獸腳類	食性：雜食性
時代：白堊紀後期	主要棲息地：蒙古
體長：約11.5公尺	體重：約5公噸

科學家發現
抱著蛋的恐龍化石

　　2011年，蒙古出土了大
約1歲的原角龍幼龍聚集在
一起的化石。這個巢穴的歷
史約7500萬年，裡頭有15隻
小原角龍聚在一起生活。這
群幼龍集體化石的發現，成
為恐龍會養育孩子的重要證
據之一。

化石中一隻公的竊蛋龍把身體
蓋在蛋上，以前會以為牠是在
偷蛋，如今學界則認為是在孵
蛋，由此亦可推測出有些恐龍
是由公龍負責孵蛋。

竊蛋龍（*Oviraptor*）

DATA

分類：蜥臀類・獸腳類	食性：雜食性？
時代：白堊紀後期	主要棲息地：蒙古
體長：約1.6公尺	體重：約22公斤

小知識

養育孩子能提高生存率

科學家發現了一些傷齒龍（p.29）和葬火龍（p.130）
疑似以翼臂孵蛋的化石。這些小型獸腳類恐龍能夠
在其他恐龍滅絕後依然存活下來，最後演化成鳥
類，或許正是因為牠們懂得養育、保護孩子的關
係，才提高了生存率。

有些恐龍的體重
每天增加10公斤以上

關鍵字

| 演化 | 恐龍在演化的過程中，為了適應身體的巨大化，不管在外型或是身體能力都出現了很大的變化。 |

植食性恐龍巨大化的理由❶

為了保護自己

只要身體夠大，就不容易被肉食性恐龍襲擊，因此植食性恐龍變得如此巨大，理由之一是為了保護自己。

植食性恐龍巨大化的理由❷

為了更容易獲得食物和繁衍後代

身體變大，表示每一步的步伐距離也會變長，如此一來，就能夠移動到更遠的地方，不管是尋找食物還是交配對象都會比較有利。

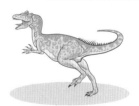

植食性恐龍讓身體變大是必要的嗎？

　　植食性恐龍的身體變得巨大，敵人就比較不敢靠近；頭部的位置變高，也比較容易吃到樹上的樹葉，而且每一步的距離變長，就更容易遷徙到遠方。另一方面，肉食性恐龍的身體之所以也變大，則是為了在狩獵上更有優勢。

恐龍能夠變大的理由❶

呼吸系統適應了
巨大化的身體

當身體變得巨大,是否能獲得足以供給全身上下所有細胞的氧氣,就成為非常重要的事。大多數的恐龍體內都有著能夠增加呼吸效率的氣囊*。

＊氣囊:許多鳥類和昆蟲都有氣囊,除了能夠保存空氣之外,還能讓身體變輕。

恐龍的成長速度
相當驚人

恐龍的成長速度非常快,巨大植食性恐龍的幼龍每天增加的體重可達10公斤,就算是肉食性的暴龍,推算其體重1年也會增加700公斤以上。因此為了適應巨大的身體,恐龍的外貌和身體能力出現了各種變化。

恐龍能夠變大的理由❷

骨骼適應了
巨大化的身體

恐龍的骨頭內部有著類似氣囊的氣腔,這些氣腔能夠減少骨頭的重量(稱作「含氣骨」)。因此恐龍的身體雖然巨大,但來自骨頭重量的負擔其實並沒有那麼大。

氣囊的原理

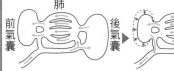

吸氣的時候

吐氣的時候

前氣囊　肺　後氣囊

空氣會先進入氣囊再送進肺中。

肺吸收氧氣後會把其餘空氣送進別的氣囊。

透過這樣的方式,讓肺中的空氣維持單方向流動,就能更有效率取得巨大身體所需的大量氧氣。

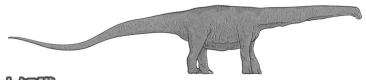

小知識

以吊橋結構支撐巨大的身體

不管是四足步行的巨大植食性恐龍,還是二足步行的肉食性恐龍,都是以腰際為頂點,透過脊椎將體重分散在前後,結構就像吊橋一樣。這種吊橋結構的骨骼不僅能夠維持身體平衡,還能有效率的支撐起巨大的身體。

角龍類原產於亞洲，卻在北美洲變得巨大

關鍵字

| 大陸遷徙 | 角龍類恐龍從亞洲經過陸橋進入美洲大陸，為了適應北美洲的環境，身體演化得越來越巨大。 |

白堊紀時代的大陸形狀

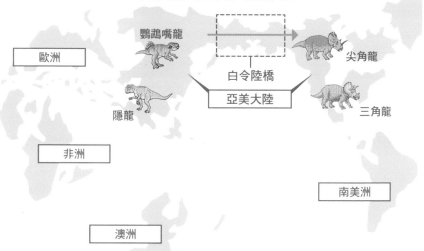

鸚鵡嘴龍

歐洲

白令陸橋

亞美大陸

隱龍

非洲

尖角龍

三角龍

南美洲

澳洲

白令陸橋和恐龍大遷徙

　　地球的內部有著不斷移動的熔岩，稱作「地函」，因此地球表面的大陸也會跟著慢慢改變位置和形狀。在白堊紀後期，亞洲大陸和美洲大陸之間有一道「白令陸橋」，讓兩塊大陸連接在一起。根據目前所發現的化石，**科學家推測角龍類的祖先是在亞洲出現，後來經由陸橋進入了美洲**。又如在美洲大量出現的暴龍，科學家也在中國和蒙古發現了其祖先的化石。

◀隱龍
（體長約1.2公尺）
生活於侏羅紀後期的原始角龍祖先，當時牠們還是以二足步行，而且頭上沒有角。

◀鸚鵡嘴龍
（體長約1.8公尺）
生活於白堊紀前期，和隱龍一樣都是以二足步行，頭上既沒有角也沒有盾。

◀祖尼角龍
（體長約3.5公尺）
生活於白堊紀後期，北美大陸上最古老的角龍之一。

◀尖角龍（體長約6公尺）
生活於白堊紀後期，除了鼻子上有角之外，頭盾的邊緣也有角。

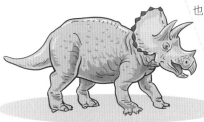

◀三角龍（體長約9公尺）
最有名的角龍，主要生存於白堊紀末期，隨著中生代的結束而滅絕。

角龍類恐龍在北美洲變得巨大

　　角龍類恐龍的祖先經由陸橋移動至北美洲大陸，隨著環境而發生演化，不僅出現各種種類，同時身體也越來越大。其中生存在白堊紀後期的三角龍不但體型巨大，分布的範圍也相當廣。後來在亞洲大量繁殖的哺乳類動物，據推測也是在此時期經由陸橋進入了北美洲。

小知識

恐龍也有保姆？

中國出土了一座鸚鵡嘴龍的巢穴化石，裡頭有34隻幼龍，這34隻幼龍依偎著1隻體型特別大的鸚鵡嘴龍，有學者因此推測這隻大鸚鵡嘴龍可能是幼龍的父母，甚至可能是「保姆」。

劍龍花了4000萬年的時間，讓體重增加1000倍

身體隨著歲月而變大	鳥臀類的恐龍大多體型較嬌小，但是擁有鎧甲的劍龍的祖先花了長久的歲月，獲得巨大的身體。

小盾龍（*Scutellosaurus*）

DATA

分類：鳥臀類・裝甲龍類
食性：植食性
時代：侏羅紀前期　　主要棲息地：北美
體長：約1.3公尺　　體重：約3公斤

早期的裝甲龍類恐龍，背上約有300根骨質尖刺，據推測應該是以兩條腿走路。

腿龍（*Scelidosaurus*）

DATA

分類：鳥臀類・裝甲龍類
食性：植食性
時代：侏羅紀前期　　主要棲息地：歐洲
體長：約3.8公尺　　體重：約270公斤

擁有非常粗壯的後腿，體重也很重，以四條腿走路，從小盾龍演化到腿龍，約花了400萬年。

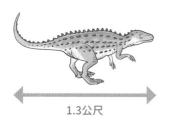

1.3公尺

3.8～4公尺

不斷變大的劍龍祖先

　　鳥臀類恐龍在侏羅紀時代最初身體並不發達，體型大多較矮小，但是從小盾龍演化成的裝甲龍類恐龍不僅擁有鎧甲，同時身體也越來越巨大。或許是為了增強抵禦敵人的能力，這一類恐龍在侏羅紀後期出現了身體超級巨大的劍龍。

約3900萬年後，劍龍變得超巨大

　　小盾龍花了400萬年的時間演化成腿龍，接著又花了約3900萬年，演化成體長約6～8公尺的超巨大劍龍。以體型來說，劍龍是最強大的裝甲龍類恐龍。不過由於脖子很短，頭部只能抬起至離地約2、3公尺，所以只能吃較矮小的蘇鐵類植物的葉子。

劍龍（*Stegosaurus*）

DATA

分類：鳥臀類・劍龍類
食性：植食性
時代：侏羅紀後期
主要棲息地：北美洲
體長：約6～8公尺
體重：約3.5公噸

背上為什麼會有巨大的背板？
劍龍的背板化石上可找到血管的痕跡，有學者由此推測只要把背板對著太陽，溫暖的血液就能快速拉高體溫，這麼一來就算是在寒冷的清晨也能進行各種行動。

劍龍的體長大約是腿龍的2倍，尾巴前端左右兩側各有2根尖刺，據推測應該是過著群體生活。

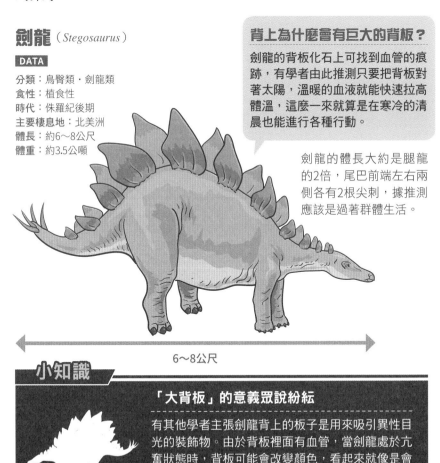

6～8公尺

小知識

「大背板」的意義眾說紛紜

有其他學者主張劍龍背上的板子是來吸引異性目光的裝飾物。由於背板裡面有血管，當劍龍處於亢奮狀態時，背板可能會改變顏色，看起來就像是會變色的液晶面板。劍龍可能是靠著這種帥氣的背板，吸引心儀對象的注意。

科學家曾經以為劍龍有2個腦袋

關鍵字

學說的修正

隨著研究的進展，科學家對恐龍的身體越來越了解，過去的學說也受到了修正。

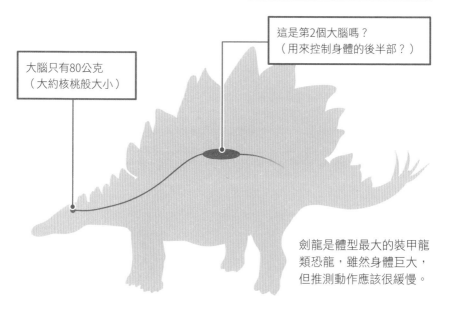

大腦只有80公克
（大約核桃般大小）

這是第2個大腦嗎？
（用來控制身體的後半部？）

劍龍是體型最大的裝甲龍類恐龍，雖然身體巨大，但推測動作應該很緩慢。

「2個腦袋」在從前曾經是主流學說

　　劍龍的腦袋只有核桃那麼大。不過在背部脊椎骨中間的管道位置有一個相當大的空洞，過去科學家認為這可能是用來輔助小腦袋的「第二腦」。但是經過進一步研究，發現這背上的空洞只是「糖原體」（為神經提供營養的器官）的位置，鳥類也有類似的器官。

演化出了各種不同外貌
的劍龍近親

劍龍是劍龍類的代表物種，這一類恐龍都生活在侏羅紀時代。牠們除了身體巨大之外，背上還有著各種板狀物和尖刺，模樣相當獨特。這些板子和尖刺除了能調節體溫和抵禦敵人之外，還有助於辨別同伴。

釘狀龍 (*Kentrosaurus*)

DATA

分類：鳥臀類・劍龍類　　食性：植食性
時代：侏羅紀後期　　　　主要棲息地：非洲
體長：約4公尺　　　　　　體重：約1公噸

背上有兩排背板，但是到了大約腰際的位置，背板變成細細長長的尖刺。

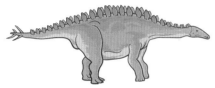

米拉加亞龍 (*Miragaia*)

DATA

分類：鳥臀類・劍龍類　　食性：植食性
時代：侏羅紀後期　　　　主要棲息地：葡萄牙
體長：約6.5公尺　　　　　體重：約2公噸

米拉加亞龍的脖子比劍龍長得多，劍龍的頸骨只有10節，米拉加亞龍的頸骨有17節。另外，米拉加亞龍的背板比較小。

銳龍 (*Dacentrurus*)

DATA

分類：鳥臀類・劍龍類　　食性：植食性
時代：侏羅紀後期　　　　主要棲息地：歐洲
體長：約8公尺　　　　　　體重：約5公噸

大型的劍龍類恐龍，脖子上有兩排小背板，從腰際附近變成兩排尖刺，一直延伸到尾巴前端。

小知識

哥吉拉的背鰭靈感來自劍龍的背板

日本電影角色「哥吉拉」應該算是全世界最知名的虛構怪獸了。電影第一集上映於1954年，當時哥吉拉的外觀設計參考禽龍的復原想像圖，再配上了劍龍的背板。

史上最大恐龍的體長和藍鯨差不多

關鍵字

蜥腳類 恐龍巨大化	蜥腳類恐龍是所有恐龍中體型最大的一群，牠們的身體會變得這麼大，其實有很多原因。

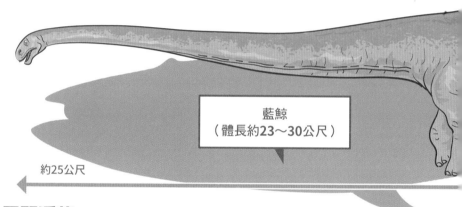

藍鯨
（體長約23～30公尺）

約25公尺

馬門溪龍（*Mamenchisaurus*）

DATA

分類：蜥臀類・蜥腳類　　食性：植食性
時代：侏羅紀中期～後期　主要棲息地：中國
體長：約25公尺　　　　　體重：約18～20公噸

蜥腳類恐龍隨著體型變大，脖子和尾巴的長度也變長。馬門溪龍的體長和藍鯨差不多。

變大4～7倍的蜥腳類恐龍

　　出現於侏羅紀前期原始蜥腳類恐龍——火山齒龍，體長約6公尺而已，但是到了約5000萬年後的侏羅紀後期，竟出現全長超過25公尺的馬門溪龍。算起來，蜥腳類恐龍在這段期間裡身體變大了4倍，實際比較這兩種恐龍的大小，簡直就像是小孩和大人的區別。

巨大化的好處

　　蜥腳類恐龍變得如此巨大，有好幾個理由：首先，身體越大，體溫越不容易下降，比較能夠進行長時間的活動；其次，脖子越長，越能有效率的吃到高處或遠處的植物；再者，身體巨大也比較不容易遭受肉食性恐龍攻擊。

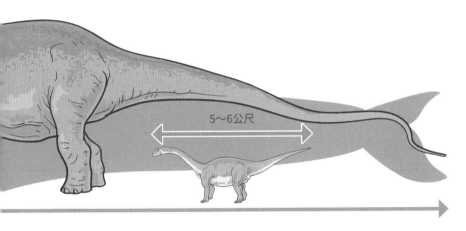

5～6公尺

火山齒龍（*Vulcanodon*）

DATA

分類：蜥臀類・蜥腳類　　食性：植食性
時代：侏羅紀前期　　　　主要棲息地：非洲
體長：約5～6公尺　　　　體重：約3.5公噸

特徵是圓滾滾的身體和在蜥腳類之中偏長的前腳。

小知識

只有前腳的足跡化石？

在美國、韓國和葡萄牙，都有「蜥腳類恐龍的前腳足跡化石」出土，為什麼只有前腳足跡卻沒有後腳足跡呢？目前還是個謎。有一派說法是當時恐龍正在水中，後腳浮起，只以前腳踩著水底前進。

蜥腳類恐龍能夠巨大化的理由

植食性
中生代有著豐富的植物，供蜥腳類恐龍攝食，因此養分取得容易。

長長的脖子和尾巴
藉由維持脖子和尾巴的平衡，能夠節省支撐身體所需要的能量。

頭部很小
植物都是直接吞下肚，不太需要咀嚼，所以下顎不發達。因為頭部又小又輕，雖然脖子很長，還是支撐得住。

呼吸
氣囊結構能更有效率的為身體提供氧氣。

梁龍（*Diplodocus*）

DATA

分類：蜥臀類・蜥腳類	食性：植食性
時代：侏羅紀後期	主要棲息地：北美洲
體長：約30公尺	體重：約10～20公噸

為什麼能夠變得如此巨大？

在本書的第33頁曾提過，恐龍身體裡有「氣囊」，能取代部分肺的機能。這樣的氣囊或氣腔在體內四處存在，甚至就連骨頭裡面也有，稱為「含氣骨」。這種骨頭能讓恐龍能夠快速取得氧氣，提高身體的代謝機能，這也是恐龍能夠變得這麼大的理由之一。

巨大的蜥腳類恐龍都很長壽

　　一般來說，身體越大的動物越長壽，據推測蜥腳類恐龍的壽命應該都有50年以上。

骨頭的結構
胸、腹附近的骨頭是含有氣腔的「含氣骨」，有助於減輕身體的重量。

成長速度
蜥腳類恐龍的幼龍成長速度非常快，盡快讓身體變大，才能避免遭受敵人攻擊。

能夠支撐體重的4隻腳
蜥腳類恐龍的腳非常筆直，在結構上能夠減少腿部肌肉的負擔。

小知識

怎麼知道恐龍幾歲？

只要把恐龍的骨頭切開，觀察骨骼斷面組織的成長停止線（類似樹木的年輪），就可以大致推測出恐龍的年齡。像暴龍之類的大型獸腳類恐龍，壽命大約30年。

迷惑龍沒辦法把頭抬得很高

移動脖子的角度 | 蜥腳類恐龍的脖子沒辦法向上抬起至直角狀態，但可以藉由彎曲脖子，吃到高處的樹葉。

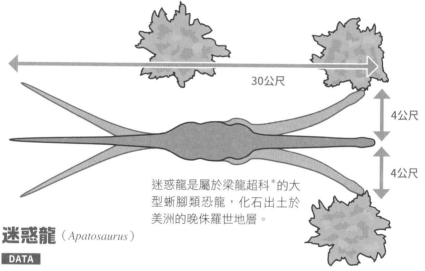

30公尺

4公尺

4公尺

迷惑龍是屬於梁龍超科*的大型蜥腳類恐龍，化石出土於美洲的晚侏羅世地層。

迷惑龍（*Apatosaurus*）

DATA

分類：蜥臀類・蜥腳類	食性：植食性	*超科：是生物分類法上的一個層級，
時代：侏羅紀後期	主要棲息地：北美洲	介於「亞目」和「科」之間。
體長：約23公尺	體重：約25～30公噸	

藉由彎曲脖子吃到高樹上的葉子

　　迷惑龍屬於大型蜥腳類恐龍，頸部的骨頭和軀體的脊椎關節扣得很緊，只能上下左右轉動30度左右。不過雖然轉動角度小，但長長的脖子可以彎曲，具有彈性，可吃到樹葉的範圍為左右合計約8公尺，高度約6公尺。

蜥腳類恐龍的脖子沒有辦法直角豎立

從前的蜥腳類恐龍復原想像圖，模樣都有點像長頸鹿，脖子可以直角往上抬。但是根據最新的研究，蜥腳類恐龍的頸骨和脊椎骨結構和長頸鹿截然不同，無法將脖子高高抬起。唯獨腕龍（p.46）例外，腕龍雖然同樣屬於蜥腳類恐龍，卻有著適合將脖子往上抬的較長前腳，而且肩膀的位置也比腰際高，因此比起其他蜥腳類恐龍，腕龍能夠把頭抬得更高。

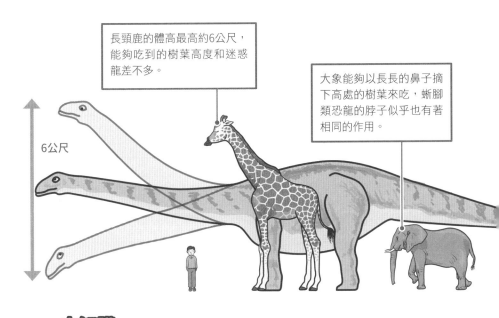

長頸鹿的體高最高約6公尺，能夠吃到的樹葉高度和迷惑龍差不多。

大象能夠以長長的鼻子摘下高處的樹葉來吃，蜥腳類恐龍的脖子似乎也有著相同的作用。

6公尺

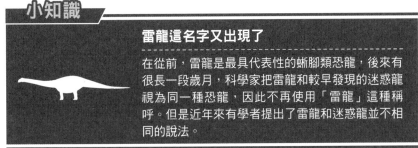

小知識

雷龍這名字又出現了

在從前，雷龍是最具代表性的蜥腳類恐龍，後來有很長一段歲月，科學家把雷龍和較早發現的迷惑龍視為同一種恐龍，因此不再使用「雷龍」這種稱呼。但是近年來有學者提出了雷龍和迷惑龍並不相同的說法。

腕龍能在水中生活的推論是錯的

關鍵字

水中生活學說 | 隨著對腕龍的研究進展，科學家已確認腕龍無法在水中生活。

從前的腕龍想像圖

主要原因是頭頂上的突起物被科學家誤以為是鼻腔*。

＊鼻腔：鼻孔裡的空洞結構。

腕龍的頭頂上有突起物

腕龍的化石最早發現於1900年，由於化石頭頂上的突起物有著貌似鼻孔的小洞，科學家推測腕龍能夠在水中生活。但是進入1970年代之後，較新的研究顯示腕龍並沒有能夠強力推拉肺部的「橫膈」，不太可能適應水壓強大的水中生活。

體型和其他蜥腳類恐龍不太一樣

　　腕龍的體型不同於其他蜥腳類恐龍，前腳比後腳長得多，因此頭部可以自然往上抬升。多虧這種能讓頸部往斜上方抬起的體型，腕龍能吃到更高處的植物。

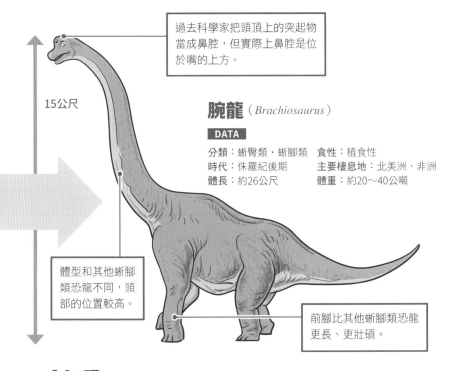

過去科學家把頭頂上的突起物當成鼻腔，但實際上鼻腔是位於嘴的上方。

15公尺

腕龍（*Brachiosaurus*）

DATA

分類：蜥臀類・蜥腳類　　食性：植食性
時代：侏羅紀後期　　　　主要棲息地：北美洲、非洲
體長：約26公尺　　　　　體重：約20～40公噸

體型和其他蜥腳類恐龍不同，頭部的位置較高。

前腳比其他蜥腳類恐龍更長、更壯碩。

熱門電影裡的神奇畫面

知名恐龍電影《侏羅紀公園》中，有一些蜥腳類恐龍抬著頭從水中走出來，或是為了採食植物而抬起前腳，只用後腳和尾巴站立的畫面，雖然看起來很帥氣，但是依照蜥腳類恐龍的骨骼結構來推測，都是不可能做到的動作。

異特龍是侏羅紀中最強的恐龍，能夠用牙齒撕開獵物

▼ 暴龍（*Tyrannosaurus*）
體長最長約13公尺，體高約6公尺。地球史上最大的陸地動物，擁有強韌的下顎，咬合的力量非常驚人。

異特龍（*Allosaurus*）

DATA

分類：蜥臀類・獸腳類	食性：肉食性
時代：侏羅紀後期	主要棲息地：北美洲
體長：約8.5公尺	體重：約3公噸

臉比暴龍細長，眼睛的前方有著裝飾用的角。

在肉食性恐龍之中，異特龍受恐龍迷喜愛的程度僅次於暴龍，如果比較兩者，會發現異特龍的體型稍微小了一點。

異特龍能夠以銳利牙齒將獵物的肉撕開

　　異特龍是侏羅紀最強的肉食性恐龍，雖然長得和暴龍有點像，卻是屬於不同類型的恐龍。由於異特龍的頭部寬度較窄，攻擊獵物的方式並非像暴龍那樣以強壯的下顎將獵物的骨頭咬斷，而是張開大口，用尖齒刺入獵物的身體，靠拉扯的力量將肉撕開。

在獵物採取防禦姿勢之前，迅速將肉撕開

　　異特龍在狩獵的時候很可能是單打獨鬥，以守株待兔的方式等待獵物上鉤。只要獵物一靠近，異特龍就會立刻撲上去，用尖銳的牙齒撕裂獵物的脖子。

異特龍擁有像刀子一樣銳利的牙齒、力量強大的脖子，以及能夠承受強大縱向力量的頭骨。

異特龍的動作應該比暴龍靈活，能夠對獵物採取偷襲戰術。

小知識

利用電腦進行頭部分析

異特龍是科學家最早以電腦進行分析的恐龍之一。科學家利用一種名為FEA*的程式（主要用來測定建築物或飛機的強度），分析異特龍的頭骨，發現其頭骨結構可以承受相當強大的力量。

＊FEA：Finite Element Analysis（有限元素分析法）的縮寫。原本是運用在機械工程和建築學上的電腦程式，能夠用來分析一物體在承受巨大力量時會產生什麼樣的影響。

始祖鳥可能不會飛

關鍵字

**始祖鳥
是鳥還是恐龍？** 科學家很難判斷始祖鳥是鳥還是恐龍，有學者認為始祖鳥沒有辦法飛行，頂多只能在空中滑翔。

恐爪龍（*Deinonychus*）

DATA

分類：蜥臀類·獸腳類
食性：肉食性
時代：白堊紀前期
主要棲息地：北美洲
體長：約3.3公尺
體重：約60公斤

美頜龍（*Compsognathus*）

DATA

分類：蜥臀類·獸腳類
食性：肉食性
時代：侏羅紀後期
主要棲息地：德國、法國
體長：約1.25公尺
體重：約2.5公斤

始祖鳥（*Archaeopteryx*）

DATA

分類：蜥臀類·獸腳類
食性：雜食性
時代：侏羅紀後期
主要棲息地：德國
體長：約50公分
體重：約0.5公斤

始祖鳥是和鳥類的祖先關係很近的恐龍，但根據最新研究顯示，始祖鳥並不是鳥類的直系祖先。

脛骨很長，很適合奔跑。

科學家在恐爪龍的近親化石上發現了羽毛的痕跡，因此推測恐爪龍身上應該也有羽毛。

支持始祖鳥無法飛行的理由

　　始祖鳥過去一直被認為是鳥類的祖先，所以才稱為「始祖鳥」。但近年來有學者認為始祖鳥無法飛行，因為羽毛的羽軸不能承受體重；而且要拍動翅膀，胸肌必須強而有力，從胸骨來看，牠也不具備這樣的胸肌。始祖鳥或許能像滑翔翼一樣在高空中盤旋滑翔，但飛行能力恐怕不太好。

支持始祖鳥可能會飛行的理由

　　另一方面，還是有很多學者認為始祖鳥能飛，因為會飛的鳥類的飛羽（翅膀上的長羽毛）是以羽軸為中心，左右兩側的形狀不對稱。始祖鳥的羽毛也有這樣的特徵，因此始祖鳥能夠飛行的可能性很高。此外，科學家發現始祖鳥的大腦結構近似一些視力很好的動物，而且始祖鳥擁有能夠維持身體平衡的內耳，這些都是非常接近鳥類的特徵。

始祖鳥的特徵

全身被輕盈的羽毛覆蓋。

前腳演化成了翅膀，上頭有3根爪子。

嘴巴是圓錐狀，前端有彎曲的牙齒。

後腳的大腿和小腿上也有羽毛。

小知識

科學家目前還是無法釐清始祖鳥的身分

從前的學界一般多認為始祖鳥是最原始的鳥類，但是自2011年起，有學者主張始祖鳥只是演化成鳥類之前，馳龍之類的恐龍近親。換句話說，始祖鳥是一種一半爬蟲類、一半鳥類的奇妙動物。

鳥類和恐龍的區別
其實相當模糊

關鍵字

鳥類和恐龍的區別	有很多動物同時具備鳥類和恐龍的特徵，牠們究竟是鳥類還是恐龍，還待更進一步的研究。

原始祖鳥（*Protarchaeopteryx*）

DATA

分類：蜥臀類‧獸腳類　食性：雜食性（主食為植物）
時代：白堊紀前期　　　主要棲息地：中國
體長：約0.8公尺　　　體重：約2公斤

雖然有著飛行用的翅膀，但從骨骼和肌肉來判斷，應該沒有能力振翅飛上天空。

近鳥龍（*Anchiornis*）

DATA

分類：蜥臀類‧獸腳類　食性：肉食性
時代：侏羅紀後期　　　主要棲息地：中國
體長：約35～50公分　　體重：約0.25公斤

擁有4枚翅膀的近鳥型恐龍，學名在古希臘文中的意思是「非常接近鳥類」。

鳥類的祖先「近鳥型恐龍」算是恐龍嗎？

　　有一群外型長得很像鳥類的恐龍，被稱為近鳥型恐龍。牠們是比獸腳類中的竊蛋龍更接近鳥類的恐龍，如馳龍、傷齒龍都屬於這一類恐龍。有些近鳥型恐龍的前腳演化成翅膀，後腳也長出羽毛，看起來就像是有4枚翅膀。這些近鳥型恐龍的出現時間比始祖鳥早了約1000萬年。

鳥類和恐龍的區別並不明確

　　鳥類是一種喙沒有牙齒，身體覆蓋著羽毛的動物，但始祖鳥卻擁有尖牙、利爪、長尾巴這些爬蟲類的特徵。照理來說始祖鳥和鳥類應該截然不同，但始祖鳥卻也有著長長的飛羽，能夠在天空飛行或滑翔等鳥類特點。

竊蛋龍（*Oviraptor*）

DATA

分類：蜥臀類・獸腳類　　食性：雜食性？
時代：白堊紀後期　　　　主要棲息地：蒙古
體長：約1.6公尺　　　　體重：約22公斤

頭部看起來像鸚鵡，身體、翅膀和尾巴都有羽毛。

小盜龍（*Microraptor*）

DATA

分類：蜥臀類・獸腳類　　食性：肉食性
時代：白堊紀前期　　　　主要棲息地：中國
體長：50～90公分　　　　體重：約500公克

後腿演化出飛行用的羽毛。

恐龍身上的羽毛是什麼顏色？

科學家從出土於中國的近鳥龍化石中，發現了一些原本是色素的細胞痕跡。科學家將這些細胞痕跡和現在的鳥類進行比較，研判出了近鳥龍的體色。根據研究結果，近鳥龍有著灰色和黑色的羽毛，頭頂羽毛的前端是橘色，這是科學家首次研究出恐龍的體色。

植食性恐龍為了對抗肉食性恐龍，演化出角、尖刺和鞭子

關鍵字

| 禦敵方式 | 為了保護自己不被肉食性恐龍吃掉，植食性恐龍演化出各種防禦手段。 |

劍龍和甲龍能夠以尾巴前端的尖刺或骨塊攻擊敵人。

鴨嘴龍抵禦肉食性恐龍的方式是集體行動，這麼做可以提高單一個體逃過敵人獵食的機率。

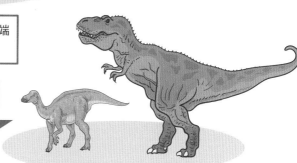

恐龍演化出了各種保護自己的方法

　　為了抵禦肉食性恐龍，許多植食性恐龍在漫長的歲月中演化出各種保護自己的方法。如劍龍和甲龍能夠以板狀或鎧甲狀的硬骨來保護自己的身體，並且將帶有尖刺或硬塊的尾巴當成武器揮舞；鴨嘴龍則是靠著和同伴集體行動來保護自己；至於三角龍，當然就是揮舞頭上長長的角。

以演化所獲得的能力，
來對抗肉食性恐龍的速度和智慧

　　肉食性恐龍當然是很殘暴凶猛的動物，但和現代的肉食性哺乳類動物比起來，肉食性恐龍可能在攻擊獵物的速度和戰術運用的智慧上都有所未及。植食性恐龍雖然處在劣勢，卻可以靠著演化所得到的巨大身體和鎧甲來對抗肉食性恐龍的攻擊。

蜥腳類的武器就是巨大的身體，或許可以甩動尾巴，像鞭子一樣攻擊敵人。

角龍類的頸部並不強韌，據推測可能無法直接衝撞敵人，但可以揮舞頭上的角。

小知識

各種恐龍吃的植物都不一樣？

同樣是植食性恐龍，吃的植物可能都不相同。例如體型較低矮的甲龍，只能吃靠近地面的植物，鴨嘴龍的腳和脖子都比較長，能夠吃到比較高的植物。因此雖然都是植食性恐龍，卻不必互相競爭。

恐龍也會得癌症和痛風，還會長寄生蟲？

恐龍和人類有著共同的煩惱

在整個漫長的中生代，恐龍幾乎可說是地球的統治者，但有種連恐龍也無法戰勝的敵人，那就是「疾病」。

例如名叫「毛滴蟲」的鳥類寄生蟲，主要是寄生在野鴿的嘴裡，使口中長滿腫瘤，如果沒有醫治，最後下顎會被寄生蟲鑽開一個洞。這雖然是現代的寄生蟲，但是科學家在暴龍之類的獸腳類恐龍化石中，赫然發現有些恐龍的下顎也有洞。科學家的研究指出，這些獸腳類的恐龍很可能也是感染了類似毛滴蟲的寄生蟲。此外，科學家還從一些暴龍、蛇髮女怪龍等肉食性恐龍的化石中，發現了趾頭關節變形的現象，推測可能是因為吃了太多肉或含大量脂肪的食物，導致化學物質囤積在關節引起發炎，也就是「痛風」。

科學家亦發現，在鴨嘴龍類的化石中常可找到腫瘤的痕跡，如果腫瘤是惡性的，就是癌症。研究顯示，鳥臀類和蜥臀類恐龍的化石有不少都疑似罹患癌症的痕跡，這表示「寄生蟲」、「痛風」、「癌症」等疾病跨越時代，成為恐龍和人類之間的共同煩惱。

Chapter 02
恐龍的祕密

在恐龍時代後半段的白堊紀，各地的恐龍藉由演化產生了不同的體型和特徵。現在就讓我們來看一看，牠們具有這些身體特徵的理由是什麼。

有些肉食性恐龍懂得集體狩獵

關鍵字

集體狩獵 | 據推測恐爪龍是一種相當靈活的狩獵者，牠們可能懂得和同伴一起進行狩獵。

科學家發現了一些恐龍集團化石，一群恐爪龍生前可能正在攻擊一頭腱龍。恐爪龍的學名原意是「可怕的爪子」，因為牠們的後腳有著長達15公分的鉤爪。

恐龍懂得進行集體狩獵嗎？

　　恐爪龍的四肢有著銳利的鉤爪，可說是相當優秀的狩獵者。科學家曾經在美國發現了一些恐爪龍的化石，在附近又發現了腱龍（一種大型植食性恐龍）的化石，由此研判恐爪龍可能懂得集體狩獵。

恐爪龍的動作相當靈活，能夠以長長的尾巴來維持身體平衡。

恐爪龍的全身可能都覆蓋著羽毛。

恐爪龍
（*Deinonychus*）

DATA
分類：蜥臀類・獸腳類
食性：肉食性
時代：白堊紀前期
主要棲息地：北美洲
體長：約3.3公尺
體重：約60公斤

前腳的3根鉤爪能用來攻擊敵人。

猶他盜龍（*Utahraptor*）

DATA
分類：蜥臀類・獸腳類
食性：肉食性
時代：白堊紀前期
主要棲息地：北美洲
體長：約5.5公尺
體重：約500公斤

進行集體狩獵的時候，被流沙活埋了？

　　此外科學家也發現了猶他盜龍的集團化石。猶他盜龍算是恐爪龍的近親，有學者推測猶他盜龍亦懂得集體狩獵。這些化石分別是1隻成龍、4隻幼龍和1隻剛出生不久的幼龍，因此也有可能只是一家人。不過同地點也發現禽龍的化石，或許是一群猶他盜龍在狩獵時，一起掉進了大洞裡遭到活埋。

巨大的下顎裡頭有尖銳的牙齒，可以咬斷獵物的骨頭。

猶他盜龍和恐爪龍都屬於馳龍科，猶他盜龍是這個科中體型最大的一種恐龍。

後腳的3根長趾頭有著長達20公分的銳利鉤爪。

小知識

暴龍的最強團隊合作
根據近年來的研究，暴龍有可能懂得和孩子一起追捕獵物。腳程快的小暴龍負責追趕獵物，讓躲在某處的大暴龍伺機衝出，咬死獵物。這樣的狩獵方式，同時發揮了幼龍和成龍的優勢。

肉食性恐龍越來越大，是因為獵物也越來越大

關鍵字

巨大化的肉食性恐龍

肉食性恐龍為了對付越來越大的植食性恐龍，只好讓身體也越來越大。

南方巨獸龍的頭部長達1.9公尺，但形狀是細長狀，因此下顎的咬合力量不及暴龍。

前肢很短，但是有3根鋭利的鉤爪。

南方巨獸龍
（*Giganotosaurus*）

DATA

分類：蜥臀類・獸腳類　　食性：肉食性
時代：白堊紀後期　　　　主要棲息地：阿根廷
體長：約12公尺　　　　　體重：約6公噸

南方巨獸龍是最大型的獸腳類恐龍之一，據説連阿根廷龍那種超巨大蜥腳類恐龍也會變成牠的獵物。

出現在白堊紀的巨大肉食性恐龍

　　獸腳類中的堅尾龍類，和同為獸腳類中的角鼻龍類相比，是屬於演化程度較高的一群。如南方巨獸龍、鯊齒龍這些體長超過10公尺的大型肉食性恐龍，大多都屬於堅尾龍類中的肉食龍類。值得一提的是，暴龍屬於堅尾龍類中的虛骨龍類，這一類的近親大多比較矮小一些，巨大的暴龍算是特例。

為什麼肉食性恐龍的身體會變得如此巨大？

因為植食性恐龍越來越巨大，以植食性恐龍為食物的肉食性恐龍體型當然也只好越來越大。肉食性恐龍和蜥腳類的植食性恐龍一樣，體內有著氣囊和輕盈、堅硬的「含氣骨」（p.33），可以更有效率的吸收氧氣，所以具備讓身體變大的條件。另一方面，小型的獸腳類恐龍則是在獲得了氣囊、含氣骨和羽毛之後，獲得了在天空飛翔的能力，演化為鳥類。

高棘龍（*Acrocanthosaurus*）

DATA

分類：蜥臀類・獸腳類　食性：肉食性
時代：白堊紀前期　　　主要棲息地：北美洲
體長：約11公尺　　　　體重：約4.4公噸

異特龍的近親。背上有著長長的背鰭。

拉丁學名的原意是「有著鋸齒狀牙齒的蜥蜴」。牙齒看起來像薄薄的鋸子，和鯊魚的牙齒有幾分相似。

鯊齒龍（*Carcharodontosaurus*）

DATA

分類：蜥臀類・獸腳類　食性：肉食性
時代：白堊紀前期　　　主要棲息地：北非
體長：約12公尺　　　　體重：約6公噸

小知識

巨大化的鯊齒龍科

鯊齒龍科的恐龍和異特龍算是近親，除了上述的南方巨獸龍之外，還有馬普龍、魁紂龍等，這些都是戰鬥力不輸給暴龍（甚至是超越暴龍）的大型肉食性恐龍。

棘龍背上的棘帆
長達1.8公尺

關鍵字

巨大的帆

棘龍原本就超級大隻，背上還多了一片大帆，這片帆的用處是什麼呢？

棘龍（*Spinosaurus*）

DATA

分類：蜥臀類・獸腳類　食性：肉食性
時代：白堊紀末期　　主要棲息地：北非
體長：約14公尺　　　體重：約10公噸

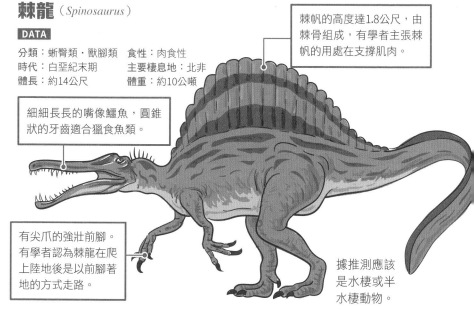

棘帆的高度達1.8公尺，由棘骨組成，有學者主張棘帆的用處在支撐肌肉。

細細長長的嘴像鱷魚，圓錐狀的牙齒適合獵食魚類。

有尖爪的強壯前腳。有學者認為棘龍在爬上陸地後是以前腳著地的方式走路。

據推測應該是水棲或半水棲動物。

牙齒類似鱷魚的巨大肉食性恐龍

　　棘龍算是地球史上最大的肉食性恐龍，體型甚至比暴龍還巨大。化石發現於埃及的地層，該地在中生代為沿海地區。棘龍的嘴巴很細長，口中並沒有肉食性恐龍常見的鋸齒狀牙齒。看起來很像以魚類為食的鱷魚，因此科學家推測棘龍的主食應該是魚類。

棘龍背上棘帆之謎

像棘龍這樣以四足步行的獸腳類恐龍相當罕見，目前學界一般認為棘龍大部分的時間都待在河川的深水區，以古代的鯊魚、鱷魚等魚類為食物。

科學學術期刊《自然》在2020年發表了一篇研究報告，指稱棘龍有著像船槳一樣的尾巴，能夠在水中自由游動。近幾年在北非摩洛哥出土的埃及棘龍，尾巴的上頭有著長度接近60公分的棘刺，除了尾端之外，幾乎整條尾巴都很適合在水中當作船槳用途。

這個發現讓科學家更加相信棘龍大部分時間應該是生活在水中。

關於背上棘帆的功用，科學家提出了各種假設。

① 調節體溫

曾經有學者認為棘帆可以釋放體內多餘的熱量，但分析棘帆的表面和斷面，並沒有發現任何血管的痕跡，因此這派說法已遭到否定。

② 裝飾用途

另有學者認為棘帆的用途在於自我展示，例如用來警告、威嚇敵人，或是吸引同類的異性注意。

小知識

失去的棘龍化石

最初的棘龍化石於埃及出土後，在1915年被命名，原本展示於德國慕尼黑的博物館，卻於1944年因英國軍隊空襲而燒毀。直到大約100年後，科學家挖到了其他的棘龍化石，才對棘龍有較詳細的了解。

暴龍跑得很慢

關鍵字

| 體重 | 一般認為暴龍跑得很快，但有學者從體重和肌肉的比例來分析，認為暴龍的速度應該很慢。 |

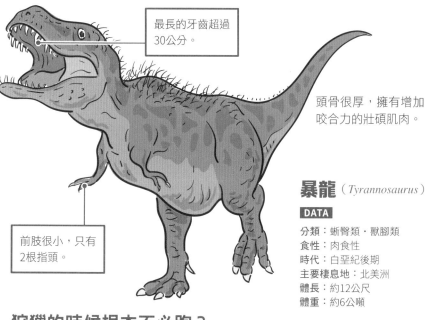

最長的牙齒超過30公分。

頭骨很厚，擁有增加咬合力的壯碩肌肉。

前肢很小，只有2根指頭。

暴龍（*Tyrannosaurus*）

DATA

分類：蜥臀類・獸腳類
食性：肉食性
時代：白堊紀後期
主要棲息地：北美洲
體長：約12公尺
體重：約6公噸

狩獵的時候根本不必跑？

　　重達6公噸的暴龍，如果要像鴕鳥一樣快，肌肉量必須達到體重的86％，也就是必須要有5.2公噸的肌肉，但實際上暴龍的肌肉只有1.2公噸左右；不過，像暴龍這麼巨大的肉食性恐龍，就算跑得稍微慢一點，對於動作緩慢的植食性恐龍來說，還是相當可怕的獵食者，因此暴龍速度其實無需太快。

暴龍長大之後就會跑不動？

① 隨著身體變大，速度會越來越慢。

成年暴龍的奔跑速度約時速18公里，如果是100公尺競賽，大概要花20秒，速度並不算快。

② 其實沒必要奔跑獵食。

有學者認為暴龍專吃死去恐龍的腐肉，因此沒必要奔跑。

暴龍也懂得集體狩獵？

據推測成年暴龍的奔跑時速約18公里，人類只要腳程快一點，就可以跑得比暴龍快。但有一派學者認為，**成年的暴龍會和體重較輕、速度較快的年幼暴龍一起進行狩獵**，提高獵物的捕獲率。

因為年幼暴龍的奔跑速度非常快，幾乎等同於恐龍中速度最快的似鳥龍，時速可達60公里，也就是跑百米賽跑只要花6秒，就算是人類的短跑選手也會被輕易追上。因此，有可能成年的暴龍會先派速度快的孩子追捕咬傷獵物，等到獵物跑不動後，成年的暴龍再以強而有力的下顎將獵物咬死。

小知識

年幼暴龍身上可能有羽毛？

有一些體型較小的暴龍近親，如帝龍、羽暴龍身上都有羽毛。因此有學者認為年幼暴龍因為身形還小，容易感到寒冷，所以可能全身披有羽毛。等到成年後，體型變得巨大，容易保持體溫，這時身上只會殘留一小部分的羽毛。

暴龍的前肢短小，是因為頭太大的關係

關鍵字

受傷的痕跡 | 體型巨大的恐龍一旦跌倒，很容易受重傷，科學家就曾在化石中發現骨頭折斷後痊癒的痕跡。

絕大部分的肉食性恐龍都是以兩條後腿走路，因此前肢會比後肢短小。如暴龍的近親「食肉牛龍」，前肢的長度只有後肢的4分之1至6分之1。

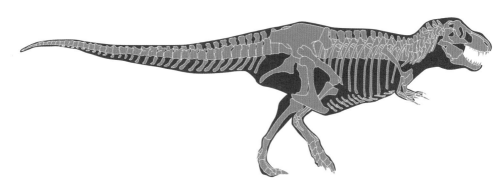

暴龍的前肢為何這麼短小？

　　有學者認為這是因為暴龍頭太大，身體的重心容易偏向前方，為了維持平衡，只好讓前肢縮小。值得一提的是，始暴龍雖然是暴龍的近親，但是頭部較小，前肢約有後肢的一半長。暴龍或許是因為身體和頭部越來越大的關係，所以前肢變得越來越短小。

或許是因為成長太快的關係，暴龍經常受傷

　　據推測暴龍的壽命約有30年，身體在存活期間會不斷變大。事實上像這種巨大肉食性恐龍會經常受傷或生病，大多數都是因為外在因素而死亡，並非衰老而死。最好的證據就是科學家在觀察暴龍的骨頭化石時，發現很多骨頭都在生前折斷過，或是扭曲變形。

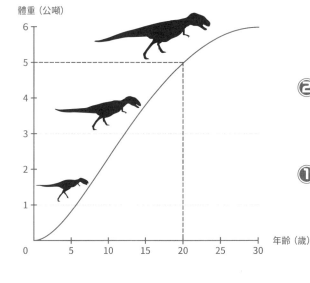

暴龍的成長模式

體重（公噸）

年齡（歲）

③ 到了20歲左右，體重達到5公噸後，成長速度變慢，30歲左右就會死亡。

② 10歲之後，成長速度加快，體重每天增加2公斤。

① 10歲之前，成長速度普通。

小知識

暴龍身上可能有「羽毛」也有「鱗片」？

過去有科學家發現了暴龍近親的羽毛化石（p.65），因此學界一般認為暴龍身上應該也有羽毛。但是到了2017年，澳洲古生物學家菲爾‧貝爾分析暴龍的皮膚化石後，重新主張暴龍身上具有的應該是「鱗片」。

白堊紀的鱷魚
幾乎和暴龍一樣大

咬合的力量也不輸給暴龍？

　　巨大而強壯的暴龍，經常被認為是白堊紀時代最強的動物，但在當時的河岸邊，其實躲藏著一些凶狠度不輸給暴龍的大傢伙，例如恐鱷。恐鱷的體長可達12公尺，是地球史上體型最大的鱷魚之一，是現代的鱷目動物的祖先。根據骨骼分析，壽命約有50年。牠們生活在水邊，除了會捕捉魚類和其他水生動物，就連鴨嘴龍之類的陸生恐龍也會成為食物。牠們咬合的力量非常強大，有學者認為甚至超越暴龍。

　　地球史上的巨大鱷魚除了恐鱷之外，還有白堊紀前期的帝鱷（體長約12公尺）和更新世（並非恐龍時代）生活在日本的待兼豐玉姬鱷（體長約7公尺）。

恐鱷（*Deinosuchus*）**DATA**

分類：雙弓類・鑲嵌踝類・鱷目	**食性**：肉食性
時代：白堊紀後期	**主要棲息地**：美國
體長：約12公尺	**體重**：約2.5～5公噸

鐮刀龍擁有像鐮刀一樣的巨大爪子

關鍵字

巨大的鉤爪 | 鐮刀龍雖然是擁有可怕鉤爪的獸腳類恐龍，卻是動作相當緩慢的草食性恐龍。

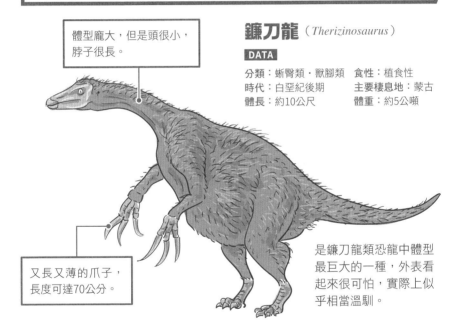

體型龐大，但是頭很小，脖子很長。

又長又薄的爪子，長度可達70公分。

鐮刀龍（*Therizinosaurus*）

DATA

分類：蜥臀類・獸腳類	食性：植食性
時代：白堊紀後期	主要棲息地：蒙古
體長：約10公尺	體重：約5公噸

是鐮刀龍類恐龍中體型最巨大的一種，外表看起來很可怕，實際上似乎相當溫馴。

鐮刀龍雖然是獸腳類恐龍，卻以植物維生

　　鐮刀龍的拉丁學名原意是「巨大鐮刀的蜥蜴」，<u>手上的可怕鉤爪最長可達70公分</u>。但是牠的嘴巴形狀像鳥喙，裡頭沒有尖牙，只有像葉片一樣的牙齒，因此科學家研判牠是植食性動物，而非肉食性動物。據推測，鐮刀龍的動作可能非常緩慢，巨大的爪子是用來折斷或撕開樹枝。

史上最大的恐龍，體重可比擬噴射客機

關鍵字

大型蜥腳類恐龍｜在恐龍演化成各種外形的白堊紀，許多大型蜥腳類恐龍的體長都超過一輛火車。

無畏巨龍（*Dreadnoughtus*）

DATA

分類：蜥臀類．蜥腳類	食性：植食性
時代：白堊紀後期	主要棲息地：阿根廷
體長：約25公尺	體重：約40公噸

由腿部骨頭的尺寸來推估，體重約60公噸。但如果採用比較新的推估方式，也就是以全身體積配上現代動物的骨頭和身體密度來推估，大約是40公噸。

白堊紀時代最重的恐龍

　　蜥腳類恐龍的身體在白堊紀時代變得非常巨大，<u>一些體型較大的蜥腳類恐龍，體重幾乎等同於一架巨型噴射客機</u>。例如生活在北美洲的腕龍，體重據推測有50公噸；除此之外，同樣屬於蜥腳類且生活在北美洲的波塞東龍和西班牙的圖里亞龍，體重也有50公噸；生活在北非的潮汐龍，體重則有45公噸。

還有更重的蜥腳類恐龍嗎？

　　除了上述之外，甚至還有更重的蜥腳類恐龍，例如在印度出土的泰坦巨龍，體重有70公噸；在阿根廷出土的阿根廷龍，體重有60～100公噸。不過近年來一些學者採用新的體重推估方式，也就是先從骨架推算出恐龍的體積，再根據現代鳥類、鱷類動物的身體密度，來推算出體重，因此許多大型蜥腳類恐龍的推測體重都出現了變化。

阿根廷龍（*Argentinosaurus*）

DATA

地球史上目前已知身體最長的動物之一。

分類：蜥臀類・蜥腳類	食性：植食性
時代：白堊紀後期	主要棲息地：阿根廷
體長：約35公尺	體重：約70公噸

泰坦巨龍（*Titanosaurus*）

DATA

分類：蜥臀類・蜥腳類	食性：植食性
時代：白堊紀後期	主要棲息地：印度
體長：可能為37公尺？	體重：約70公噸

目前只發現了一部分的骨頭化石。據推測這種恐龍的腳很短，背上有類似鎧甲的結構。

小知識

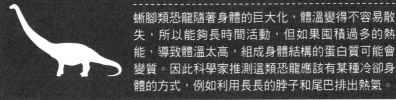

大型蜥腳類恐龍的體溫很高？

蜥腳類恐龍隨著身體的巨大化，體溫變得不容易散失，所以能夠長時間活動，但如果囤積過多的熱能，導致體溫太高，組成身體結構的蛋白質可能會變質。因此科學家推測這類恐龍應該有某種冷卻身體的方式，例如利用長長的脖子和尾巴排出熱氣。

甲龍以骨塊和尖刺來武裝自己，看起來就像一輛戰車

關鍵字

| 甲龍 | 許多恐龍都有著像鎧甲一樣的堅硬皮膚，而且這些恐龍身上的鎧甲形狀都不太一樣。 |

結節龍（*Nodosaurus*）

DATA

分類：鳥臀類・甲龍類　　食性：植食性
時代：白堊紀後期　　　　主要棲息地：美國
體長：約6公尺　　　　　體重：約3.5公噸

由骨頭變形而成的小硬塊排列在背上，形成了鎧甲。

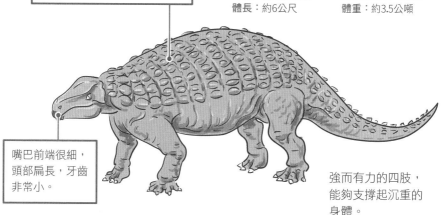

嘴巴前端很細，頭部扁長，牙齒非常小。

強而有力的四肢，能夠支撐起沉重的身體。

最早發現的甲龍類恐龍是結節龍

　　結節龍是一種尾巴上沒有硬塊的甲龍類恐龍，也是最早被科學家發現的甲龍化石，但當初只發現了一部分的骨頭。直到2011年，才又出土了其近親的北方盾龍的全身化石。這具化石奇蹟般的保留了皮膚和鎧甲，看起來像木乃伊一樣，曾經引發熱烈討論。

結節龍的近親

　　結節龍類的恐龍和甲龍科（p.74）關係很近，但結節龍類的頭骨比較細長，有些身上長著尖刺。值得一提的是，同為甲龍近親的多刺甲龍，其頭骨同時具備甲龍科和結節龍科的特徵，可能是屬於其中一方的早期恐龍。

結節龍的近親

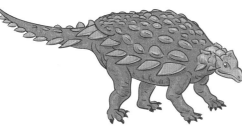

怪嘴龍（*Gargoyleosaurus*）

DATA

分類：鳥臀類・甲龍類　　食性：植食性
時代：侏羅紀後期　　　　主要棲息地：北美洲
體長：約3公尺　　　　　體重：約1公噸

鎧甲狀的背骨比結節龍更大，從頸部一直排列到尾巴。

多刺甲龍（*Polacanthus*）

DATA

分類：鳥臀類・甲龍類　　食性：植食性
時代：白堊紀前期　　　　主要棲息地：英國
體長：約5公尺　　　　　體重：約2公噸

從肩膀到腰部都有尖刺，腰部上方的骨頭呈板狀，可以保護身體。

小知識

甲龍身上的鎧甲是骨頭演化而來

甲龍是「裝甲龍類」恐龍中的一類，身上有著能夠保護自己的鎧甲，這些鎧甲其實是骨頭進入皮膚內演化而成。這些甲龍類恐龍活躍於侏羅紀後期至白堊紀後期，依種類的不同，身上的鎧甲有塊狀、尖刺狀和板狀等各種形狀。

甲龍能夠用尾巴前端的槌子擊退敵人

關鍵字

最大的甲龍類 | 甲龍是最大的甲龍類恐龍，但目前只發現了一部分的化石，許多細節還不清楚。

甲龍（*Ankylosaurus*）

DATA

分類：鳥臀類．甲龍類　食性：植食性
時代：白堊紀後期　　主要棲息地：美國
體長：約7公尺　　　體重：約6公噸

甲龍會直接把植物吞下肚，讓植物在巨大的肚子裡發酵後再加以吸收。

尾巴的前端有骨塊，加以揮舞就能擊退肉食性恐龍。

頭部的側邊和後方有三角形的角，整個頭部都被骨質的鎧甲覆蓋。

甲龍的最大特徵，就是身體覆蓋著保護身體的骨質鎧甲，就連眼皮也不例外。

甲龍是最大的甲龍類恐龍

　　在全身包覆著鎧甲的<u>甲龍類恐龍之中，甲龍是體型最大的一種，體長約7公尺</u>。由於甲龍的腳很短，整體高度看起來雖然很矮，但是又寬又穩，包覆著鎧甲的巨大身體走起路來，就像是戰車一樣。

在白堊紀時代出現並不斷演化的甲龍類

　　甲龍類恐龍主要生活在古代的北美洲、歐洲和東亞地區。除了甲龍之外，其實還有許多近親也都屬於甲龍類。由於外觀奇特，這些甲龍類恐龍深受恐龍迷喜愛，但由於狀態良好的化石標本並不多，許多細節都還需要進一步的的研究。

甲龍的近親

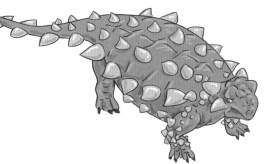

繪龍（*Pinacosaurus*）

DATA

分類：鳥臀類・甲龍類　　食性：植食性
時代：白堊紀後期　　　　主要棲息地：蒙古
體長：約5公尺　　　　　體重：約2公噸

鎧甲的堅硬程度在甲龍類中數一數二，腹部側邊也有尖刺狀的鎧甲。

多智龍（*Tarchia*）

DATA

分類：鳥臀類・甲龍類　　食性：植食性
時代：白堊紀後期　　　　主要棲息地：蒙古
體長：推測可達8公尺　　體重：約2.5公噸

在恐龍時代末期出現在亞洲地區最大的甲龍類恐龍。

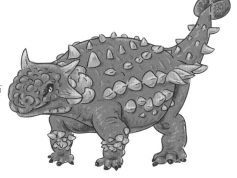

小知識

甲龍尾巴上的硬塊是什麼？

甲龍尾巴前端的硬塊是由好幾塊骨板演化而成，和尾骨直接連接在一起。從軀幹到硬塊，中間有7塊尾骨，這些尾骨緊緊相扣，變得像一根棍棒。據推測甲龍就是用這種尾巴來攻擊肉食性恐龍的腿。

有些恐龍很擅長頭槌攻擊

關鍵字

堅硬的頭骨

厚頭龍頭頂那塊像安全帽一樣高高隆起的頭骨有什麼用處？關於這點眾學者的說法不一，有人主張是用來和同伴決鬥，藉此決定地位高低。

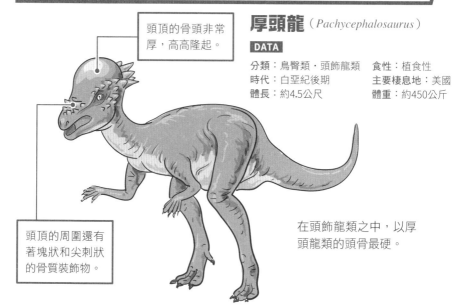

頭頂的骨頭非常厚，高高隆起。

厚頭龍（*Pachycephalosaurus*）

DATA

分類：鳥臀類・頭飾龍類　　食性：植食性
時代：白堊紀後期　　　　主要棲息地：美國
體長：約4.5公尺　　　　體重：約450公斤

頭頂的周圍還有著塊狀和尖刺狀的骨質裝飾物。

在頭飾龍類之中，以厚頭龍類的頭骨最硬。

堅硬的腦袋是為了攻擊敵人，還是單純的裝飾物？

厚頭龍的最大特徵，就在於像戴了安全帽一樣高高隆起的頭頂。這個堅硬的頭頂有什麼用處，目前學界眾說紛紜。**最廣為流行的說法，是厚頭龍會以頭槌的方式和同伴決鬥，藉此分出地位高下。**但由於厚頭龍的頸部並沒有特別強壯，因此也有學者認為隆起的頭頂只是用來吸引異性目光的裝飾物。

厚頭龍的頸部沒有特別強壯，因此有另一派學者認為牠們不會以頭頂撞頭頂的方式分高下，而是改採用頭頂撞對方的胸腹之類的柔軟處來拼輸贏。

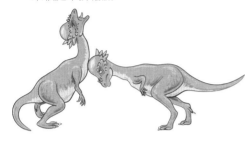

頭部的形狀
會隨著成長而改變？

在厚頭龍的近親中，有一種名為冥河龍的恐龍，體型比厚頭龍小一些，而且頭上有尖刺；還有另一種叫作龍王龍的恐龍，體型更小，臉型較細長。這三種恐龍的頭形都不相同，但有學者認為牠們其實是同一種恐龍，只是頭部形狀隨著成長而改變。年齡越大，頭頂的隆起部位就越大。

厚頭龍的近親

劍角龍（*Stegoceras*）

DATA

分類：鳥臀類‧頭飾龍類	食性：植食性
時代：白堊紀後期	主要棲息地：美國
體長：約2.2公尺	體重：約40公斤

厚頭龍的近親，拉丁學名的原意是「有角的屋頂」。

有人認為牠其實是厚頭龍的幼龍。

冥河龍（*Stygimoloch*）

DATA

分類：鳥臀類‧頭飾龍類	食性：植食性
時代：白堊紀後期	主要棲息地：美國
體長：約3公尺	體重：約78公斤

小知識

尖銳的牙齒是做什麼用的？

2018年，古脊椎動物學會在美國召開了一場會議，會議中發表內容是有關於一塊保存狀況良好的厚頭龍幼龍下顎化石。這份報告提到厚頭龍的下顎前端有尖銳的牙齒，令人懷疑厚頭龍或許並非單純採食植物維生。

三角龍能夠以
巨大的角和頭盾恫嚇敵人

關鍵字

| 角和頭盾 | 有如長槍般的角和長度幾乎是巨大頭部一半的頭盾，是三角龍經演化後獲得的武裝。 |

三角龍（*Triceratops*）

DATA

分類：鳥臀類・角龍類　　食性：植食性
時代：白堊紀後期　　　　主要棲息地：美國
體長：約9公尺　　　　　體重：約9公噸

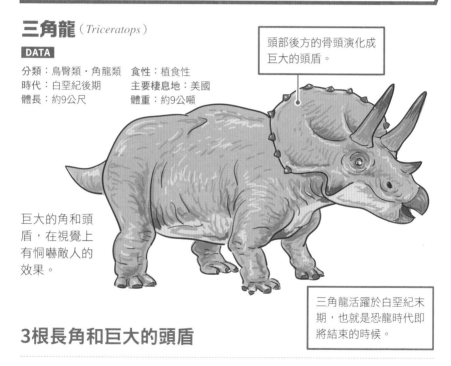

頭部後方的骨頭演化成巨大的頭盾。

巨大的角和頭盾，在視覺上有恫嚇敵人的效果。

三角龍活躍於白堊紀末期，也就是恐龍時代即將結束的時候。

3根長角和巨大的頭盾

　　三角龍的拉丁學名原意是「有3根角的臉」。顧名思義，三角龍的特徵在於3根角和長度幾乎是巨大頭部一半的頭盾。成年後的三角龍，眼睛上方的2根長角可長達1公尺。有些學者認為公的三角龍會以這3根角和同伴打鬥。巨大的頭盾除了能防衛，或許還具裝飾物的效果，可吸引異性的目光。

原始的角龍並沒有「角」

早期的角龍類恐龍並沒有角和頭盾，這些都是演化後才出現的東西。從侏羅紀到白堊紀前期，原角龍類恐龍幾乎都生活在亞洲，<u>進入白堊紀後期之後，北美洲開始出現三角龍之類高度分化後的角龍</u>。

據推測應該是種原始的角龍類，頭上還沒有角和頭盾。

上顎的前端有著鳥喙狀的骨頭，臉頰兩側的骨頭向外突出。

鸚鵡嘴龍（*Psittacosaurus*）

DATA

分類：鳥臀類・角龍類　　食性：植食性
時代：白堊紀前期　　　　主要棲息地：蒙古、中國、泰國
體長：1～2公尺　　　　　體重：9～20公斤

特徵在於上顎的喙部和深處的牙齒之間，有一些小小的牙齒。

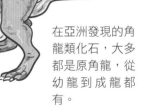

原角龍（*Protoceratops*）

DATA

分類：鳥臀類・角龍類　　食性：植食性
時代：白堊紀後期　　　　主要棲息地：蒙古
體長：約2.5公尺　　　　體重：約180公斤

在亞洲發現的角龍類化石，大多都是原角龍，從幼龍到成龍都有。

小知識

三角龍和牛角龍其實是同一種恐龍？

牛角龍是角龍類恐龍中最大的一種，過去學界認為牠和三角龍是不同種類的恐龍，但近年來有學者主張牛角龍是成長之後的三角龍，這樣的說法引來了正反兩派的意見，目前尚未有定論。

有些恐龍懂得巧妙區分
二足步行和四足步行的時機

關鍵字

| 禽龍 | 據推測禽龍平常是用四條腿慢慢行走，但遇上敵人時會站起來以兩條腿奔跑。 |

禽龍（*Iguanodon*）

DATA

分類：鳥臀類・鳥腳類　　食性：植食性
時代：白堊紀前期　　　　主要棲息地：歐洲
體長：約8公尺　　　　　　體重：約3.2公噸

硬喙很適合用來採食植物。

拇指很長的爪子可能是抓取植物的工具，也可能是保護自己的武器。

可以用2條腿或4條腿走路的植食性恐龍，拉丁學名的原意為「鬣蜥的牙齒」，因為科學家覺得牠的牙齒和鬣蜥很像。

前腳有5根趾頭，後腳有3根較粗大的趾頭。

小時候2條腿，長大後4條腿？

　　禽龍的化石最早發現於19世紀，當時還沒有恐龍的概念。禽龍存活在白堊紀時代的歐洲，據推測幼龍時期是以2條腿走路，長大之後會以前腳的中間3根趾頭抵著地面支撐體重。四足步行的時候時速大約5公里。如果遇到緊急狀況，牠會站起來用後腳奔跑，時速大約20公里。

種類越來越多的鳥腳類近親

禽龍是最具代表性的鳥腳類恐龍。鳥腳類在整個鳥臀類中占了約40％，是一個演化物種最豐富的大家族，世界各地（包含南極）都有鳥腳類恐龍化石出土。早期的鳥腳類恐龍大多矮小，但是進入白堊紀之後，開始出現一些較大型的鳥腳類恐龍，種類也變得非常多。

前肢較短，掌心寬平，要抓住東西應該沒問題。

奧斯尼爾洛龍（*Othnielosaurus*）

DATA

分類：鳥臀類‧鳥腳類　　食性：植食性
時代：侏羅紀後期　　　　主要棲息地：北美洲
體長：約2.2公尺　　　　 體重：約30公斤

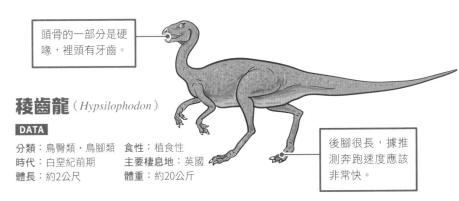

頭骨的一部分是硬喙，裡頭有牙齒。

稜齒龍（*Hypsilophodon*）

DATA

分類：鳥臀類‧鳥腳類　　食性：植食性
時代：白堊紀前期　　　　主要棲息地：英國
體長：約2公尺　　　　　 體重：約20公斤

後腳很長，據推測奔跑速度應該非常快。

小知識

像怪獸一樣的復原想像圖

最早發現禽龍化石並進行研究的英國醫生曼特爾，以為禽龍拇指上的長爪是長在鼻子上的角，而且畫出來復原想像圖*中的生物，體長竟有70公尺，簡直就像怪獸一樣，震驚了全世界。

＊復原想像圖請見：https://reurl.cc/xE9mq5

世界上最早被人發現的恐龍

人類從19世紀開始進行恐龍研究，最早出土的恐龍化石是獸腳類的斑龍和鳥腳類的禽龍。禽龍化石的發現者是英國醫生兼古生物學家吉迪恩・曼特爾（Gideon Mantell）。

▼禽龍（p.80）

同為英國人的早期古生物學家理查・歐文（Richard Oren），在將近60年的研究生涯中發表了超過800篇論文和著作，可說是當時歐洲最具代表性的科學家。歐文在1842年將斑龍和禽龍歸類為同一類生物，並且以希臘文命名為「Dinosauria」，意思是「恐怖的蜥蜴」，這就是「恐龍（Dinosaurs）」這個名稱的由來。

◀斑龍（p.91）

阿瓦拉慈龍只有1根手指

關鍵字

單根手指 | 雖然外型看起來像鳥，但維生方式似乎是用唯一的爪子挖蟲來吃。

阿瓦拉慈龍（*Alvarezsaurus*）

※此處的敘述更近似阿瓦拉慈龍群下的單爪龍（*Monoykus*）。

DATA

分類：蜥臀類·獸腳類
食性：肉食性（食蟲性）
時代：白堊紀後期
主要棲息地：阿根廷
體長：約1公尺
體重：約3公斤

雖然外型近似鳥，但在分類上屬於非鳥恐龍。

前肢很短，只有拇指的爪子。

膝蓋以下的小腿很長，據推測應該能跑得很快。

1根指頭能做什麼？

　　阿瓦拉慈龍是一種二足步行的恐龍，有著長長的尾巴和腳，雖然外型很像鳥，卻是一種小型的獸腳類恐龍。**沒有翅膀，前肢很短，據推測可能會用唯一的拇指爪子挖開蟻塚或樹木，吃裡頭的昆蟲。**由於腳很長，應該跑得很快。

鴨嘴龍類恐龍都是由 禽龍類恐龍演化而來

關鍵字

像鴨子一樣 的嘴巴 | 世界各地都有鴨嘴龍類恐龍化石出土，這類恐龍的特徵就在於有像鴨子一樣的嘴。

鴨嘴龍（Hadrosaurus）

DATA

分類：鳥臀類・鳥腳類　食性：植食性
時代：白堊紀後期　　主要棲息地：北美洲
體長：約7公尺　　　體重：約2公噸

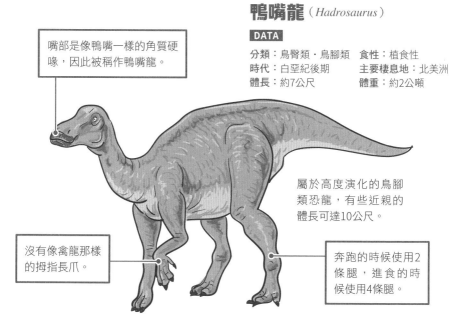

嘴部是像鴨嘴一樣的角質硬喙，因此被稱作鴨嘴龍。

屬於高度演化的鳥腳類恐龍，有些近親的體長可達10公尺。

沒有像禽龍那樣的拇指長爪。

奔跑的時候使用2條腿，進食的時候使用4條腿。

分布於世界各地的鴨嘴龍類恐龍

　　鴨嘴龍類恐龍和禽龍一樣，早期生活在北美洲和亞洲，但科學家在南極、南美洲等南半球地區也發現了同類的化石。近親中的賴氏龍類是一群頭部有著各種冠狀物的恐龍，而1934年在庫頁島（當時為日本領土）出土的日本龍也是這一類恐龍。

鴨嘴龍類的牙齒特徵

鴨嘴龍類的硬喙內側有牙齒，這些牙齒像石砌牆一樣排列在一起，形成了「齒系結構」，能夠非常有效率的將堅硬植物磨碎。

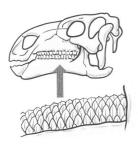

能夠像音樂家一樣演奏音樂的恐龍

賴氏龍類的共同特徵，是頭上有著各種不同形狀的冠狀物。這些冠狀物都是由骨頭所形成，裡面中空。尤其是副櫛龍頭上的冠狀物又長又奇特，過去科學家認為那是一種呼吸管，讓副櫛龍在水中可以呼吸，近年來則推測副櫛龍可以從鼻孔吸入空氣後灌入冠狀物內，發出類似木管樂器般的聲音。

副櫛龍（*Parasaurolophus*）

DATA

分類：鳥臀類・鳥腳類　食性：植食性
時代：白堊紀後期　主要棲息地：北美洲
體長：約10公尺　體重：約6公噸

有學者認為牠可以用頭上的冠狀物發出其他恐龍聽不見的低沉聲音，和同伴進行交談。

從鼻孔吸入的空氣灌入冠狀物內部引起共鳴，發出低沉而洪亮的聲音。

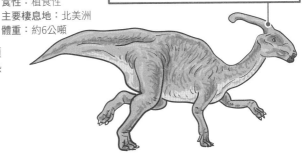

小知識

副櫛龍的冠狀物裡是什麼模樣？

賴氏龍類的恐龍都有著不同形狀的頭頂冠狀物，其中副櫛龍的冠狀物長達1.8公尺，裡頭的管路蜿蜒盤繞，更是長達3公尺。曾經有學者主張這是為了增加嗅覺感應面積，讓副櫛龍擁有極敏銳的嗅覺。

似鳥龍跑得像鴕鳥一樣快

關鍵字

擁有翅膀的恐龍 | 似鳥龍和牠的近親被認為是最原始的有翅恐龍。

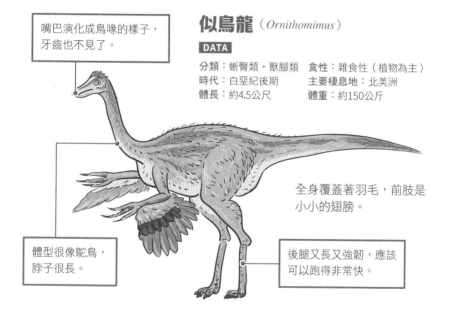

嘴巴演化成鳥喙的樣子，牙齒也不見了。

似鳥龍（*Ornithomimus*）

DATA

分類：蜥臀類・獸腳類　　食性：雜食性（植物為主）
時代：白堊紀後期　　　　主要棲息地：北美洲
體長：約4.5公尺　　　　體重：約150公斤

全身覆蓋著羽毛，前肢是小小的翅膀。

體型很像鴕鳥，脖子很長。

後腿又長又強韌，應該可以跑得非常快。

似鳥龍可能很聰明？

　　似鳥龍是一種貌似鴕鳥的恐龍，生活在白堊紀後期的北美洲。不過牠只是骨架和鴕鳥有點像而已，在分類上和鴕鳥沒有關係。據推測牠的生活模式也和鴕鳥相似，以植物為主食，遭遇敵人時，跑的速度也和鴕鳥差不多。

似雞龍（*Gallimimus*）

DATA

分類：蜥臀類・獸腳類	食性：雜食性（植物為主）
時代：白堊紀後期	主要棲息地：蒙古
體長：約6公尺	體重：約450公斤

頭部很小，有著一對大眼睛和硬喙。

膝蓋以下的小腿部分很長，據推測可以跑得很快。

骨骼結構非常適合快速奔跑。

似雞龍和恐手龍

　　似鳥龍的近親大多體型嬌小，其中最大的似雞龍也只有6公尺。恐手龍的化石在1970年出土，長年以來被視為「相當神祕」的恐龍，直到2000年後的研究，才證實牠是似鳥龍的近親。恐手龍不像其他的似鳥龍近親一樣，會把身體輕盈的優勢運用在奔跑上，而是藉由演化不斷讓身體變大。

恐手龍曾被視為是神祕的恐龍

恐手龍比其他似鳥龍類恐龍大得多，背上有類似棘龍的帆骨，四肢則有鴨嘴龍科的特徵，因此長年來科學家一直不知道該將牠歸類為哪一類恐龍。

▼恐手龍（p.31）

小知識

似鳥龍從肉食性演化成了植食性

哺乳類動物中，從肉食性演化成植食性的例子並不少，像雜食性的熊和吃竹葉的大貓熊都是如此。似鳥龍這種貌似鴕鳥的恐龍也一樣，原本是肉食性的獸腳類恐龍，在演化中逐漸轉變為植食性。

目前還沒有找到所有恐龍的共同祖先

越古老的化石越難發現

「恐龍是什麼時候出現的？」如今科學家還沒有辦法找到精確的時間點。截至目前為止，科學家已經發現了大約1000種的恐龍化石，但沒有任何一種是鳥臀類和蜥臀類的共同祖先。

此外，從發現的恐龍化石來看，侏羅紀的化石多於三疊紀，白堊紀的化石又多於侏羅紀，也就是越新的時代，發現的化石數量就越多。這不是因為恐龍的種類隨著時代而增加了，而是時代越新，化石越容易被發現。

越古老的地層，露出地表的情況就越罕見，因此化石也就越難發現。如今已知最古老的恐龍化石是2億3000萬年前的始盜龍（p.24）化石。要找到生活在更古老時代的恐龍共同祖先，恐怕是一件極為困難的事情。

Chapter 03
全世界恐龍地圖

世界各地都有恐龍化石出土，現在就讓我們來看看，世界上每個地區分別有什麼樣的恐龍，以及日本國內曾經存在過哪些恐龍。

北美洲
的恐龍

腔骨龍（*Coelophysis*）

DATA

分類：蜥臀類・獸腳類　**食性**：肉食性
時代：三疊紀後期至侏羅紀前期
主要棲息地：北美洲
體長：約3公尺　　　　**體重**：約25公斤

為了減輕體重而擁有中空骨頭的
早期恐龍。

北美洲發現了
非常多的恐龍化石

　　北美洲出土的恐龍化石比
其他地區多得多，尤其是侏羅
紀後期至白堊紀後期。北美洲
有著非常多的恐龍，較著名的
恐龍有三疊紀的腔骨龍、侏羅
紀的異特龍、白堊紀的暴龍和
三角龍等。

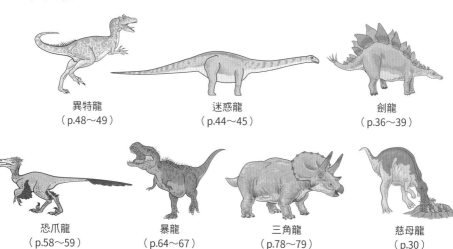

異特龍
（p.48～49）

迷惑龍
（p.44～45）

劍龍
（p.36～39）

恐爪龍
（p.58～59）

暴龍
（p.64～67）

三角龍
（p.78～79）

慈母龍
（p.30）

歐洲
的恐龍

斑龍（*Megalosaurus*）

DATA

分類：蜥臀類・獸腳類　食性：肉食性
時代：侏羅紀中期
主要棲息地：歐洲、北美洲、亞洲
體長：約6公尺　　體重：約700公斤

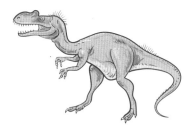

史上第一種擁有正式名稱的恐龍。

始暴龍（*Eotyrannus*）

DATA

分類：蜥臀類・獸腳類　食性：肉食性
時代：白堊紀前期　主要棲息地：英國
體長：約3公尺　　體重：約70公斤

暴龍的早期近親，
前肢很長，有3根
指頭。

長久以來一直在進行恐龍化石挖掘作業的地區

　　歐洲是世界上最早開始挖掘恐龍化石的地區。從出土化石的生存年代來看，歐洲在整個中生代都有不少恐龍生活著，而其中又以侏羅紀中期至白堊紀前期的恐龍種類最多。

禽龍
（p.80～82）

板龍
（p.129）

始祖鳥
（p.50～51）

中國、蒙古
的恐龍

特暴龍（*Tarbosaurus*）

DATA

分類：蜥臀類・獸腳類　　**食性**：肉食性
時代：白堊紀後期
主要棲息地：蒙古、中國
體長：約9.5公尺　　　　**體重**：約4公噸

亞洲體型最大的肉食性恐龍。據推測應該是暴龍的近親。

中國、蒙古是僅次於北美洲的恐龍化石寶庫

　　中國和蒙古出土的恐龍化石數量也非常多，僅次於北美洲，較有名的是發現於中國遼寧省的馳龍類（身上有羽毛的恐龍）和發現於蒙古的竊蛋龍（身體蓋在蛋上）。

鸚鵡嘴龍
（p.79）

迅猛龍

和身體比起來，脖子
可說是非常長。

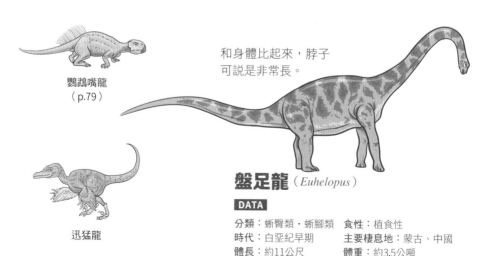

盤足龍（*Euhelopus*）

DATA

分類：蜥臀類・蜥腳類　　**食性**：植食性
時代：白堊紀早期　　　　**主要棲息地**：蒙古、中國
體長：約11公尺　　　　　**體重**：約3.5公噸

南美洲
的恐龍

食肉牛龍（*Carnotaurus*）

DATA

分類：蜥臀類・獸腳類　食性：肉食性
時代：白堊紀後期　　主要棲息地：南美洲
體長：約7.5公尺　　體重：約2公噸

前肢很短，有4根指頭，眼睛的上
方有粗大的角。

南美洲出土了北半球不曾
發現過的肉食性恐龍化石

　　南美洲所發現的恐龍化石
大部分出土於阿根廷，其中約
有一半是蜥腳類恐龍。肉食性
恐龍方面，則有南方巨獸龍、
食肉牛龍等，這些都是北半球
不曾發現的恐龍種類。另外南
美州還有一個特徵，那就是很
少有鳥臀類恐龍化石出土，也
沒有角龍類和暴龍類。

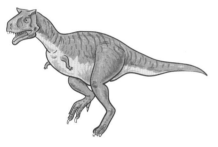

阿根廷龍
（p.71）

南方巨獸龍
（p.60）

岡瓦納巨龍（*Gondwanatitan*）

DATA

分類：蜥臀類・蜥腳類　食性：植食性
時代：白堊紀後期　　主要棲息地：巴西
體長：約7公尺　　　體重：約1公噸

背上有骨質鎧甲，
四肢的骨頭較細。

非洲
的恐龍

釘狀龍（*Kentrosaurus*）

DATA

分類：鳥臀類・劍龍類　　**食性**：植食性
時代：侏羅紀後期　　　　**主要棲息地**：坦尚尼亞
體長：約4公尺　　　　　**體重**：約700公斤

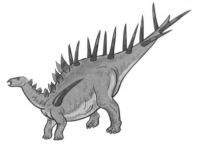

劍龍的原始近親，化石大部分毀
於二戰期間的空襲。

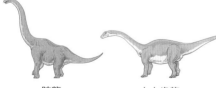

腕龍
（p.46～47）

火山齒龍
（p.41）

棘龍
（p.62～63）

今後最可能發現
大量恐龍化石的開拓地

　　非洲出土的恐龍化石大部分是蜥腳類。有一些恐龍化石和其他地區相同，如歐洲的禽龍和北美洲的腕龍，也曾在非洲挖到過。非洲最有名的恐龍化石是棘龍，但其化石被運往歐洲後，在二戰期間因空襲而毀損。

潮汐龍（*Paralititan*）

DATA

分類：蜥臀類・蜥腳類　　**食性**：植食性
時代：白堊紀末期　　　　**主要棲息地**：埃及
體長：約20公尺　　　　　**體重**：約20公噸

目前已知此種恐龍
生活在海岸邊紅樹
林附近。

其他地區
的恐龍

巨腳龍 （*Barapasaurus*）

DATA

分類：蜥臀類・蜥腳類　　食性：植食性
時代：侏羅紀前期　　　　主要棲息地：印度
體長：約12公尺　　　　　體重：約7公噸

據推測是較原始
的蜥腳類恐龍，
頭骨尚未找到。

大天鵝龍 （*Olorotitan*）

DATA

分類：鳥臀類・鳥腳類
食性：植食性
時代：白堊紀後期
主要棲息地：俄羅斯
體長：約8公尺
體重：約3.1公噸

鴨嘴龍的近親，頸骨和腰椎骨
的數量是最多的。

中型的肉食性恐
龍，應是日本福
井盜龍的近親。

南方獵龍 （*Australovenator*）

DATA

分類：蜥臀類・獸腳類　　食性：肉食性
時代：白堊紀末期　　　　主要棲息地：澳洲
體長：約6公尺　　　　　體重：約500公斤

印度、俄羅斯和澳洲的恐龍

　　印度出土的恐龍和東亞的恐龍不同，大多數都是蜥腳類，完全沒有鳥臀類。這是因為印度原本和南方的岡瓦納大陸連在一起，後來才分離，和歐亞大陸合併。

　　而在廣大的俄羅斯，過去所發現的化石幾乎都是白堊紀的恐龍。

　　澳洲雖然出土了甲龍類的敏迷龍、鳥腳類的木他龍的接近完整化石，但這些恐龍和其他地區恐龍的關係較遠，應該是因為澳洲在侏羅紀中期就和其他地區分離，在白堊紀中期之前演化出許多獨特的恐龍。

日本 的恐龍

曾經有許多恐龍在日本生活

　　日本出土的恐龍之中，只有8個屬取了學名，數量相當的少，這是因為出土的化石標本大多只是零星的牙齒或骨頭，缺乏最重要的頭骨，難以進行分類的緣故。事實上從北方的北海道到南方的九州，幾乎每個地區都有恐龍化石出土。以下列出曾發現過恐龍或古生物化石的38個市鎮。

⑮德島縣勝浦町（白堊紀前期）禽龍類等。
⑯福岡縣北九州市、宮若市（白堊紀前期）曾出土過阿杜庫斯龜等。

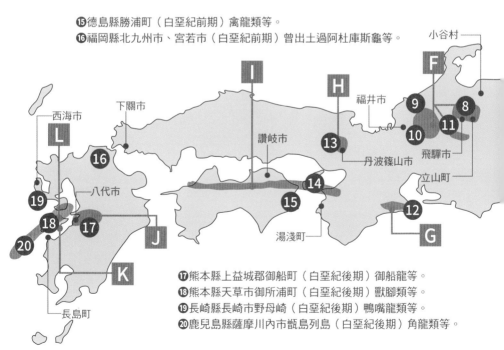

⑰熊本縣上益城郡御船町（白堊紀後期）御船龍等。
⑱熊本縣天草市御所浦町（白堊紀後期）獸腳類等。
⑲長崎縣長崎市野母崎（白堊紀後期）鴨嘴龍類等。
⑳鹿兒島縣薩摩川內市甑島列島（白堊紀後期）角龍類等。

❶北海道中川町（白堊紀後期）
鐮刀龍類等。
❷北海道夕張市（白堊紀後期）
甲龍類等。
❸北海道鵡川町（白堊紀後期）
薄板龍科、神威龍等。

※38個市鎮之中，1～20為較
具代表性的恐龍化石產地
（共23個市鎮），另外15
個市鎮則標註在地圖上。

小平町

蘆別市

A

B

E

4

5

C

南相馬市

7

6

D

廣野町

❹岩手縣久慈市（白堊紀後期）泰坦巨龍類、虛
骨龍類等。
❺岩手縣岩泉町茂師（白堊紀前期）茂師龍等。
❻福島縣磐城市（白堊紀後期）雙葉龍等。
❼群馬縣神流町（白堊紀前期）棘龍類等。
❽富山縣富山市（白堊紀前期）獸腳類等。
❾石川縣白山市桑島、目附谷（白堊紀前期）白
峰龍等。
❿福井縣勝山市、大野市（白堊紀前期）福井盜
龍等。
⓫岐阜縣高山市莊川町、大野郡白川村（白堊紀
前期）禽龍等。
⓬三重縣鳥羽市（白堊紀前期）鳥羽龍等。
⓭兵庫縣丹波市（白堊紀前期）丹波巨龍等。
⓮兵庫縣洲本市（白堊紀後期）鴨嘴龍科等。

發現恐龍化石的主要地層群

A 蝦夷地層群	E 山中地層群	I 和泉地層群
B 久慈地層群／宮古地層群	F 手取地層群	J 御船地層群
C 稻井地層群	G 松尾地層群	K 御所浦地層群
D 雙葉地層群	H 篠山地層群	L 姬浦地層群

在日本發現化石的主要恐龍

自從1978年日本東北岩手縣出土了「茂師龍」化石之後，日本各地陸陸續續一直有恐龍化石出現，目前可知從侏羅紀後期至白堊紀後期有著各式各樣的恐龍在日本生活。

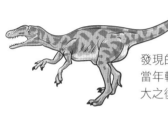

發現的化石似乎還是相當年輕的恐龍，或許長大之後體型會更大。

白峰龍（*Albalophosaurus*）

DATA

分類：鳥臀類・鳥腳類　食性：植食性
時代：白堊紀前期
主要棲息地：石川縣（手取地層群）
體長：約1.7公尺　　體重：2～9公斤

原始的鳥腳類恐龍，在日本獲得正式學名的恐龍之中，為最古老的一種。

福井盜龍（*Fukuiraptor*）

DATA

分類：蜥臀類・獸腳類　食性：肉食性
時代：白堊紀前期
主要棲息地：福井縣（手取地層群）
體長：約5公尺　　體重：約300公斤

日本最早獲得學名的蜥腳類恐龍，屬於原始的泰坦巨龍類。

福井龍（*Fukuisaurus*）

DATA

分類：蜥臀類・鳥腳類　食性：植食性
時代：白堊紀早期
主要棲息地：福井縣（手取地層群）
體長：約4.5公尺　　體重：約400公斤

禽龍的近親。因上顎骨的形狀不同，認定為不同屬種的恐龍。

福井巨龍（*Fukuititan*）

DATA

分類：蜥臀類・蜥腳類　食性：植食性
時代：白堊紀前期
主要棲息地：福井縣（手取地層群）
體長：約10公尺　　體重：不明

丹波巨龍（*Tambatitanis*）

DATA

分類：蜥臀類‧蜥腳類　食性：植食性
時代：白堊紀前期　主要棲息地：兵庫縣（篠山地層群）
體長：約14公尺　體重：約4公噸

活躍於白堊紀的泰坦巨龍類
恐龍中較原始的一種。

福井獵龍（*Fukuivenator*）

DATA

分類：蜥臀類‧獸腳類　食性：雜食性
時代：白堊紀前期
主要棲息地：福井縣（手取地層群）
體長：約2.5公尺　體重：約25公斤

小型的獸腳類恐龍。從牙齒的
特徵研判，應該是雜食性。

禽龍的近親，拉丁
學名取自福井縣的
舊稱「越國」。

高志龍（*Koshisaurus*）

DATA

分類：鳥臀類‧鳥腳類　食性：植食性
時代：白堊紀前期
主要棲息地：福井縣（手取地層群）
體長：約3公尺　體重：不明

鴨嘴龍的近親。因為化石
出土於北海道鵡川町，又
叫作「鵡川龍」。

神威龍（*Kamuysaurus*）

DATA

分類：鳥臀類‧鳥腳類　食性：植食性
時代：白堊紀後期
主要棲息地：北海道（蝦夷地層群）
體長：約8公尺　體重：4～5.3公噸

南極大陸也有恐龍？

南極大陸也曾經是個弱肉強食的世界

　　雖然南極大陸現在是天寒地凍的狀態，生物似乎難以生存，但科學家還是在這裡發現了一些恐龍的化石，例如冰冠龍是在南極大陸出土的恐龍之中，第一種獲得學名的恐龍。這是一種生活在侏羅紀前期的肉食性恐龍，全長約6公尺，頭上有長條形的頭冠。此外，科學家還在這裡找到了同樣生活在侏羅紀前期的冰河龍，這是一種蜥腳類恐龍，很可能曾經是冰冠龍的獵物。

　　除此之外，南極還出土了南極甲龍（甲龍類中結節龍的近親）和鳥腳類中的稜齒龍類、鴨嘴龍類的恐龍。不過這些中生代的恐龍，並非真能適應冰天雪地的環境。事實上在恐龍滅絕之後又過了約3000萬年，南極大陸才變成現在這種天寒地凍的狀態。

▼冰冠龍

Chapter 04

生活在恐龍時代

天上和海中的爬蟲類

中生代的天上和海中，也有著形形色色的爬蟲類動物，牠們的體型都非常巨大，簡直就像是大型的恐龍一樣。牠們不僅和恐龍活在相同的時代，而且在白堊紀的末期，很多也隨著恐龍一起從世界上消失了。

比最原始的鳥類出現還要早7000萬年，那時翼龍早已稱霸天空

關鍵字

最原始的翼龍 | 「翼龍」是最早飛上天空的脊椎動物，而真雙型齒翼龍是翼龍中最原始的一種。

長而柔韌的尾巴。

從前肢第4根指頭延伸出來的皮膚，和軀幹連在一起，形成翅膀。

目前已知最古老的翼龍之一，拉丁學名的意思是「真正具有2種牙齒」。

真雙型齒翼龍
（*Eudimorphodon*）

DATA

分類：鳥頸類・翼龍類
食性：肉食性（主食是魚類）
時代：三疊紀後期　　主要棲息地：義大利
體長：約1公尺　　體重：2～10公斤

有2種牙齒，前面的牙齒又尖又長，後側的牙齒則形狀複雜且凹凸不平，適合在海面附近捕捉魚類為食。

翼龍的出現和真雙型齒翼龍

在翼龍出現之前，有些爬蟲類已經能像滑翔翼一樣在空中滑翔，但翼龍是第一種真的能夠振翅飛上天空的脊椎動物，而真雙型齒翼龍是最原始的翼龍之一。翼龍是和恐龍、鳥類完全不一樣的動物，翼龍的出現比始祖鳥（曾被視為最原始的鳥類）還早了7000萬年。

沛溫翼龍 (*Preondactylus*)

DATA

分類：鳥頸類‧翼龍類
食性：肉食性（主食是魚類和昆蟲）
時代：三疊紀後期　　主要棲息地：義大利
體長：約45公分　　體重：不明

原始的翼龍之一，被歸類為喙
嘴翼龍（p.104）的近親。

和身體比起來，翅
膀顯得有些窄小。

出現於三疊紀的早期翼龍

　　沛溫翼龍和奧地利翼龍都是屬於生活在三疊紀後期的原始翼龍，長長的尾巴前端有類似帆的部位，能夠在空中控制方向和保持平衡。

◆鳥的翅膀

包含指頭在內的整個前肢被大量的羽毛覆蓋。

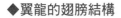

◆翼龍的翅膀結構

翼龍的翅膀是一片薄膜，從前肢的無名指延伸到腿部，雖然和現代的蝙蝠有些類似，但蝙蝠是以拇指以外的所有手指支撐著薄膜翅膀。

◆蝙蝠的翅膀

除了拇指以外的所有手指骨頭都支撐著翅膀。

小知識

可以咬碎堅硬魚鱗的兩種牙齒

真雙型齒翼龍有著2種不同形狀的牙齒。像這樣同時擁有不同牙齒的情況，在哺乳類相當常見，但是在爬蟲類卻是相當罕見。當時的魚類都有著非常堅硬的魚鱗，真雙型齒翼龍能夠以尖銳的前方牙齒將魚抓住，並且以形狀複雜的後側牙齒將魚鱗咬碎。

翼龍大量減少，
是受了恐龍演化的影響

關鍵字

四足步行	翼龍不像恐龍那樣有著強壯的後腳，再加上頭部太大，為了保持平衡，只能以4條腿走路。

喙嘴翼龍（*Rhamphorhynchus*）

DATA

分類：鳥頸類・翼龍類　　**食性**：肉食性（主食是魚類和昆蟲）
時代：侏羅紀後期　　　　**主要棲息地**：德國、非洲的坦尚尼亞
體長：約1.5公尺　　　　**體重**：約4公斤

嘴巴是硬喙，長著許多向前傾斜的細長牙齒。

菱形的尾翼為喙嘴翼龍最大的特徵，長大之後會變成三角形。

應為夜行性動物，曾經出土過殘留著翼膜的化石。

不擅長走路的翼龍

　　翼龍的後腳形狀和恐龍有著很大的差異：恐龍有著粗壯的後腳，不少是以2條腿走路；但翼龍的後腳很細，再加上頭太大，用雙腳走路很難保持平衡，因此行走時必須以前腳抵著地面，也就是以4條腿走路才行。值得一提的是，喙嘴翼龍的化石和始祖鳥的化石出土於相同時代的地層。

逐漸消失的翼龍

出現於三疊紀後期的翼龍，曾經掌控了整個中生代的天空。但是喙嘴翼龍類在侏羅紀末期幾乎絕跡，翼手龍類雖然從侏羅紀後期開始出現，但是在進入白堊紀後同樣種類大減，主要原因或許是天空出現了比翼龍更擅長飛行的鳥類。

在地上是採四足步行的方式前進

大腿的骨頭沒有辦法像鳥類一樣彎向身體的下方，所以無法用雙腳走路。

像海鳥一樣從海面抓魚吃

從喙的形狀來研判，應該是在海面上低空飛行，捕捉靠近海面的魚隻。

翼手龍（*Pterodactylus*）

DATA

分類：鳥頸類‧翼龍類
食性：肉食性（主食是魚類）
時代：侏羅紀後期
主要棲息地：德國、英國、法國、東非
體長：約1.5公尺
體重：約1～5公斤

為科學家最早開始研究的翼龍，據推測是晝行性動物。

牙齒約有90根。長大之後頭上會出現頭冠。

小知識

演化過程成謎的動物

出現在三疊紀後期的翼龍，應該和恐龍一樣，是由爬蟲類的祖先演化而來，但目前科學家還沒有找到演化過程中的化石（過渡化石）。翼龍的祖先究竟是會爬樹的爬蟲類？還是在地面上爬行的爬蟲類？其演化過程依然令人費解。

最大等級的翼龍張開翅膀時，其幅度相當於巨型巴士

關鍵字

大型翼龍 | 大型翼龍的身體幾乎就像架小型飛機，而且體重很輕，善於飛行。

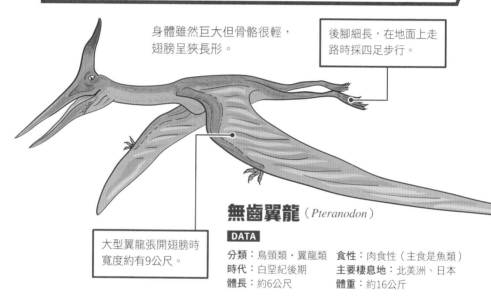

身體雖然巨大但骨骼很輕，翅膀呈狹長形。

後腳細長，在地面上走路時採四足步行。

大型翼龍張開翅膀時寬度約有9公尺。

無齒翼龍（*Pteranodon*）

DATA

分類：鳥頸類・翼龍類　　食性：肉食性（主食是魚類）
時代：白堊紀後期　　　　主要棲息地：北美洲、日本
體長：約6公尺　　　　　體重：約16公斤

能夠飛到距離陸地100公里的海面上

　　科學家到目前為止已發現過1000具以上的無齒翼龍化石，可見得這種大型翼龍有過非常活躍的日子。牠們雖然體型龐大，但相當輕盈，體重只有16～20公斤，而且十分擅長飛行。有些發現無齒翼龍化石的地點，在白堊紀後期時代是位於距離陸地100公里的海面。不過在其他恐龍滅絕之前，無齒翼龍就因為某種原因而消失了。

張開翅膀時的幅度約11公尺

　　風神翼龍是地球史上最大的翼龍類動物，特徵是有著很長的脖子和喙。在地面以4隻腳走路時，高度大約等同於現代的長頸鹿（5公尺以上），**張開翅膀時的幅度可達11公尺**，但是體重推測只有70公斤。風神翼龍是翼龍演化的最終型態，在中生代接近尾聲的白堊紀後期依然能看見牠們的蹤影。

風神翼龍（*Quetzalcoatlus*）

DATA

分類：鳥頸類・翼龍類	食性：肉食性（主食是魚類？）
時代：白堊紀後期	主要棲息地：北美洲
體長：10～11公尺	體重：70～200公斤

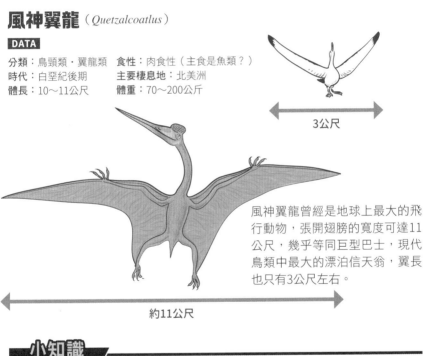

3公尺

風神翼龍曾經是地球上最大的飛行動物，張開翅膀的寬度可達11公尺，幾乎等同巨型巴士，現代鳥類中最大的漂泊信天翁，翼長也只有3公尺左右。

約11公尺

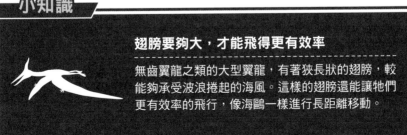

小知識

翅膀要夠大，才能飛得更有效率

無齒翼龍之類的大型翼龍，有著狹長狀的翅膀，較能夠承受波浪捲起的海風。這樣的翅膀還能讓牠們更有效率的飛行，像海鷗一樣進行長距離移動。

歌津魚龍是在日本出土的最原始魚龍

關鍵字

原始魚龍 | 歌津魚龍是一種相當原始的魚龍，身體有著尚未出現的魚龍特徵，例如沒有背鰭。

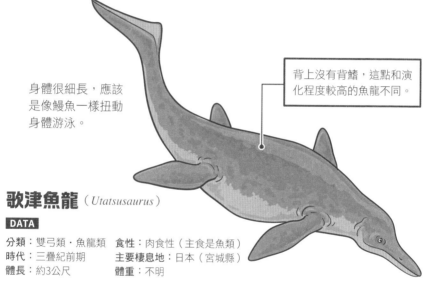

身體很細長，應該是像鰻魚一樣扭動身體游泳。

背上沒有背鰭，這點和演化程度較高的魚龍不同。

歌津魚龍（*Utatsusaurus*）

DATA

分類：雙弓類・魚龍類　**食性**：肉食性（主食是魚類）
時代：三疊紀前期　　　**主要棲息地**：日本（宮城縣）
體長：約3公尺　　　　　**體重**：不明

＊自然紀念物：指具保育自然價值之自然區域、特殊地形、地質現象、珍貴稀有植物和礦物。

化石挖掘現場被指定為自然紀念物＊

　　歌津魚龍是非常早期的魚龍，**身上還帶有許多尚未從陸生動物完全演化成魚龍的特徵**。由陸生動物的腳所演化成的鰭還殘留著小小的五根趾頭痕跡，尾巴的下方有著細細長長的鰭。發現化石的宮城縣歌津町（現改為南三陸町）挖掘現場，和歌津魚龍化石一起獲日本政府指定為國家的自然紀念物。

日本最早發現的恐龍
是鴨嘴龍類恐龍

化石的發現引發了恐龍熱潮

▼日本龍

　　日本人挖掘和研究恐龍化石，可回溯至二次大戰之前，日本政府在庫頁島南部的炭坑設施內發現了鴨嘴龍類的恐龍化石，命名為「日本龍」。由於日本位於地殼變動較頻繁的區域，剛開始大部分日本人都以為本土不可能發現恐龍化石。但是到了1968年，福島縣磐城市出土了雙葉龍（又稱作雙葉鈴木龍）的化石，掀起了一股挖掘恐龍化石的熱潮（不過雙葉龍並非恐龍，而是海棲爬蟲類中的蛇頸龍類）。到了1978年，岩手縣又出土了蜥腳類的恐龍化石，暱稱為「茂師龍」。這兩次的化石出土，讓日本人發現原來國內也有恐龍化石，接下來又陸續找到了其他種類的化石，尤其是1980年後，幾乎每年都有人發現化石的新產地，或發表新屬、新種的恐龍。日本的恐龍研究，現正開始蓬勃發展。

▲雙葉龍

蛇頸龍的祖先是一群
進入海中生活的蜥蜴

關鍵字

| 原始的蛇頸龍 | 蛇頸龍的祖先稱作幻龍類，這些動物還有著原始特徵，例如脖子較短等。 |

腫肋龍（*Pachypleurosaurus*）

DATA

分類：鰭龍類・幻龍類　　食性：肉食性（主食是魚類）
時代：三疊紀中期　　　　主要棲息地：歐洲
體長：30～120公分　　　體重：不明

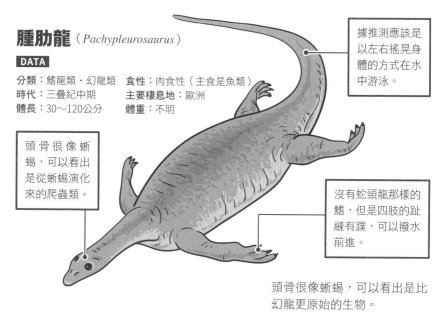

據推測應該是以左右搖晃身體的方式在水中游泳。

頭骨很像蜥蜴，可以看出是從蜥蜴演化來的爬蟲類。

沒有蛇頸龍那樣的鰭，但是四肢的趾縫有蹼，可以撥水前進。

頭骨很像蜥蜴，可以看出是比幻龍更原始的生物。

幻龍類是蛇頸龍的祖先

　　幻龍類是一群生活在三疊紀的海棲爬蟲類，特徵是四肢有蹼。據推測後來的蛇頸龍類，就是從幻龍類的早期物種分化出來的。腫肋龍有著比蛇頸龍類的祖先「幻龍」更加原始的特徵，長長的下顎有著許多針狀的外翻牙齒，顯然應該是以魚類、烏賊等海中生物為食。

貴州龍（*Keichousaurus*）

DATA

分類：鰭龍類・幻龍類
食性：肉食性（主食是魚類）
時代：三疊紀中期　　主要棲息地：中國
體長：20～30公分　　體重：不明

科學家在貴州龍化石的腹部發現胎兒，證實牠是胎生動物而非卵生動物。

原始的蛇頸龍類

　　幻龍類動物除了歐洲的幻龍、腫肋龍和中國的貴州龍之外，還有<u>日本宮城縣出土的稻井龍</u>。不過在三疊紀的海中，除了蛇頸龍類和幻龍類之外，還有一群名為「楯齒龍目」的動物，這群動物分布在全歐洲和北非、中東等地，外貌有的像鬣蜥，有的像蜥蝪，有的像海龜。

血盆大口裡長著許多細針狀的牙齒。

據推測應該是生活在淺海和陸地上，生活方式類似海豹。

幻龍（*Nothosaurus*）

DATA

分類：鰭龍類・幻龍類　　食性：肉食性（主食是魚類）
時代：三疊紀中期～後期　主要棲息地：全歐洲、中東、中國
體長：約4公尺　　　　　　體重：約90公斤

後腿比較長，四肢有蹼。

小知識

「虛假蜥蝪」的特徵

幻龍類動物的肋骨都很粗，可以靠著肋骨的重量沉入水中，因此能適應水中生活。科學家曾經在化石的腹部發現胎兒，證實幻龍類是直接產下胎兒而不是生蛋，為胎生動物。幻龍類的拉丁學名原意是「虛假的蜥蝪」。

有一種蛇頸龍光脖子的長度就占了身體全長的一半

關鍵字

蛇頸龍的食性	長長的脖子只能往下彎，無法向上抬。除了海中生物，有時還捕食近海飛行的翼龍類動物。

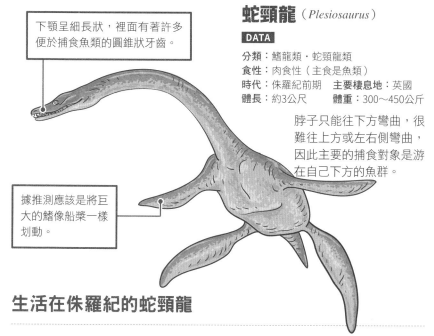

下顎呈細長狀，裡面有著許多便於捕食魚類的圓錐狀牙齒。

據推測應該是將巨大的鰭像船槳一樣划動。

蛇頸龍（*Plesiosaurus*）

DATA

分類：鰭龍類・蛇頸龍類
食性：肉食性（主食是魚類）
時代：侏羅紀前期　主要棲息地：英國
體長：約3公尺　體重：300～450公斤

脖子只能往下方彎曲，很難往上方或左右側彎曲，因此主要的捕食對象是游在自己下方的魚群。

生活在侏羅紀的蛇頸龍

　　蛇頸龍是一群最早出現在三疊紀後期的海棲爬蟲類動物，應該是從幻龍類動物分化出來的。這類動物在侏羅紀和白堊紀繁衍出了許多同伴。蛇頸龍類底下還可以分成兩類，一種是脖子較長、頭較小的蛇頸龍亞目；另一種是脖子較短、頭較大的上龍亞目。其中蛇頸龍是最具代表性的物種，脖子長度占了身體全長的一半。

頭部看起來像巨大的鱷魚，有許多針狀的牙齒。

巨板龍（*Macroplata*）

DATA

分類：鰭龍類・蛇頸龍類
食性：肉食性（主食是魚類）
時代：侏羅紀前期　　**主要棲息地**：英國
體長：4～5公尺　　**體重**：不明

除了海中生物之外，還會捕食空中和陸地上的生物？

　　蛇頸龍大部分的時候都是以長長的脖子捕食魚類，但有時也會吃菊石之類的貝類動物、飛到海面附近的翼龍和陸地上的小型恐龍。整個中生代的大海裡都可看見蛇頸龍類動物的身影，但是就和其他大型海棲爬蟲類動物一樣，蛇頸龍沒有辦法度過白堊紀末期的大滅絕災厄，從此消失在地球上。

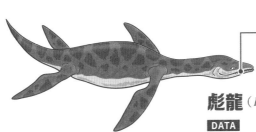

強韌的下顎和針狀的銳利牙齒很適合捕食魚類。

彪龍（*Rhomaleosaurus*）

DATA

分類：鰭龍類・蛇頸龍類
食性：肉食性（主食是魚類）
時代：侏羅紀前期　　**主要棲息地**：英國
體長：約7公尺　　**體重**：不明

應該是藉由水中的氣味來尋找獵物。

小知識

蛇頸龍類動物最早出現在三疊紀

過去科學家一直以為蛇頸龍類動物最早出現在侏羅紀，但後來有人在三疊紀的地層中發現了其近親梅氏雷提龍的化石，證實蛇頸龍類動物平安度過了三疊紀和侏羅紀之間的大滅絕。

從化石中可看出
蛇頸龍之間的戰鬥

關鍵字

蛇頸龍之間 的戰鬥	曾經有2種不同的蛇頸龍在澳洲的海裡打得如火 如荼。

克柔龍（*Kronosaurus*）

DATA

分類：鰭龍類・蛇頸龍類
食性：肉食性
時代：白堊紀前期
主要棲息地：澳洲
體長：約12公尺
體重：約50公噸

克柔龍和伊羅曼加龍雖然
都屬於蛇頸龍類，但是體
型和食性都不相同。

伊羅曼加龍（*Eromangasaurus*）

DATA

分類：鰭龍類・蛇頸龍類	**食性**：肉食性（主食為魚類）
時代：白堊紀前期	**主要棲息地**：澳洲
體長：9～10公尺	**體重**：不明

蛇頸龍的決鬥證據

　　伊羅曼加龍的化石發現於1980年，其頭骨竟然有被巨大肉食性動物咬過的齒痕，那齒痕的間距長達20公分，可見得敵人的身體有多麼巨大！在那個時代，棲息在澳洲伊羅曼加海裡的大型海棲爬蟲類動物除了伊羅曼加龍之外，就只有克柔龍了。可見在白堊紀的南半球海洋裡，曾發生過一場蛇頸龍類動物之間的戰鬥。

中生代最具代表性的2種蛇頸龍

　　蛇頸龍類依脖子的長度可以分成2大類：一類是脖子較長的薄板龍科，如日本發現的雙葉龍（雙葉鈴木龍）（p.116）和最早被發現的蛇頸龍；另一類則是脖子較短的上龍科，這類動物的外型看起來比較像鱷魚，不過也有脖子稍微長一點的巨板龍。值得一提的是，克柔龍的尖牙長達30公分。

薄板龍（*Elasmosaurus*）

DATA

分類：鰭龍類・蛇頸龍類
食性：肉食性（主食為魚類）
時代：侏羅紀末期　主要棲息地：美國
體長：約14公尺　體重：約2公噸

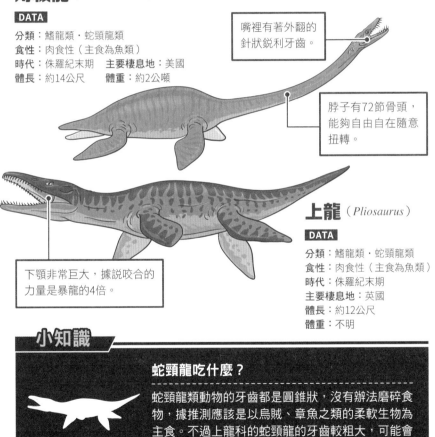

嘴裡有著外翻的針狀銳利牙齒。

脖子有72節骨頭，能夠自由自在隨意扭轉。

上龍（*Pliosaurus*）

DATA

分類：鰭龍類・蛇頸龍類
食性：肉食性（主食為魚類）
時代：侏羅紀末期
主要棲息地：英國
體長：約12公尺
體重：不明

下顎非常巨大，據說咬合的力量是暴龍的4倍。

小知識

蛇頸龍吃什麼？

蛇頸龍類動物的牙齒都是圓錐狀，沒有辦法磨碎食物，據推測應該是以烏賊、章魚之類的柔軟生物為主食。不過上龍科的蛇頸龍的牙齒較粗大，可能會吃鯊魚或其他的海棲爬蟲類生物。

日本第一具蛇頸龍化石
是高中生發現的

關鍵字

雙葉龍	雙葉龍是全日本最早受到研究的蛇頸龍，化石發現者為福島縣磐城市的高中生。

雙葉龍（*Futabasaurus*）

DATA

分類：鰭龍類・蛇頸龍類　　食性：肉食性（主食為魚類）
時代：白堊紀後期　　　　　主要棲息地：日本（福島縣）
體長：6～9公尺　　　　　　體重：3～4公噸

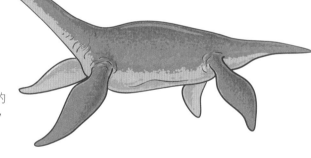

脖子的長度占了身體全長的一半以上，脖子的骨頭至少有60～70節。

日本首次受到詳細研究的蛇頸龍類，脖子非常長，屬於薄板龍的近親。

日本高中生所發現的蛇頸龍

　　1968年，福島縣磐城市的高中生鈴木直發現了雙葉龍的化石，不過這些化石受到詳細研究並獲得學名，是2006年之後的事。研究蛇頸龍的專家佐藤寰等人發現雙葉龍和其他薄板龍科的蛇頸龍相比，眼睛和鼻子的距離較遠，因而證實是新品種的蛇頸龍。

自由自在遨游於白堊紀海中的巨大烏龜

「古巨龜」是史上最大的烏龜

　　科學家曾經在晚三疊世的地層中發現龜類的化石，證明烏龜是相當古老的生物。在漫長的歲月裡，龜類分化出了各種類型，有的生活在海裡，有的生活在陸地上。科學家目前所發現的完整化石中，最大的是古巨龜，一般龜類的殼是由肋骨演化而成，但古巨龜的殼只是由皮膚和角質板形成，並不堅硬。

　　而且古巨龜無法將四肢的鰭縮進殼裡，因此化石的鰭都有遭敵人咬噬而缺損的狀況，有能力獵食古巨龜的海中生物，應該是同樣生活在淺海的滄龍之類。

　　當時陸地也有巨大龜類，例如澳洲有全長達2公尺的卷角龜，這些龜類一直生存到人類開始出現的更新世。

古巨龜 （*Archelon ischyros*）

DATA

分類：雙弓類・龜鱉類	**食性**：雜食性
時代：白堊紀後期	**主要棲息地**：美國
體長：約4公尺	**體重**：約2公噸

魚龍「早一步」獲得了 海豚的外貌和顏色

 關鍵字

| 趨同演化 | 魚龍屬於爬蟲類，但因為趨同演化的關係，有著海豚的外貌。 |

魚龍（*Ichthyosaurus*）

DATA

分類：雙弓類・魚龍類
食性：肉食性（主食為魚類）
時代：三疊紀後期
主要棲息地：比利時、英格蘭、德國、瑞士、印尼
體長：2～3公尺
體重：約90公斤

> 背部的鰭內沒有骨頭，這點和現代的虎鯨、海豚相同。

> 魚龍類動物有著脊椎動物中最大的眼睛，能夠以超強的視力迅速找出獵物。

> 背部的顏色比腹部深，不管是體型還是顏色都很像海豚。

演化成像海豚一樣的爬蟲類生物

　　魚龍是生活在遼闊海洋中的爬蟲類，四肢都演化成了鰭，看起來很像海豚。不同種類的生物為了適應相同的環境而演化成類似的模樣，稱為「趨同演化」。魚龍的模樣看起來像海豚，是因為這樣可以游得最快、最遠，適合追趕獵物。

在三疊紀的海洋中稱霸的最大魚龍

秀尼魚龍的體長超過20公尺，是當時海中最大的海棲爬蟲類生物。後來出現的其他種類魚龍，身體都不像秀尼魚龍這麼巨大。根據1990年代的研究，秀尼魚龍的身體屬於細長形，有著比其他魚龍更長、更大的鰭。嘴巴也是細細長長，而且牙齒已經退化，據推測獵食的方式是將獵物用力吸進嘴裡。

秀尼魚龍（*Shonisaurus*）

DATA

分類：雙弓類・魚龍類　　食性：肉食性（主食為魚類）
時代：三疊紀後期　　　　主要棲息地：美國、加拿大
體長：15～20公尺　　　　體重：25～35公噸

頭部很小，只有下顎的前端有牙齒，而且退化得非常小。

雖然是史上最大的海棲爬蟲類生物，但身體為細長形。

小知識

可能有比秀尼魚龍更大的魚龍？

2016年，英國利爾斯托克地區的晚三疊世地層出土了一塊長達96公分的魚龍下顎骨化石，雖然目前還無法判斷屬於何種魚龍，但據推估體長可能有26公尺，或許比秀尼魚龍更大。

可怕的海中帝王滄龍
讓魚龍滅絕了

關鍵字

胎生	滄龍類是胎生動物而非卵生動物，剛出生的海王龍嬰兒的體長約1～2公尺。

海王龍（*Tylosaurus*）

DATA

分類：雙弓類‧有鱗類　　**食性**：肉食性（主食為魚類）
時代：白堊紀後期　　　　**主要棲息地**：美國
體長：約15公尺　　　　　**體重**：約10公噸

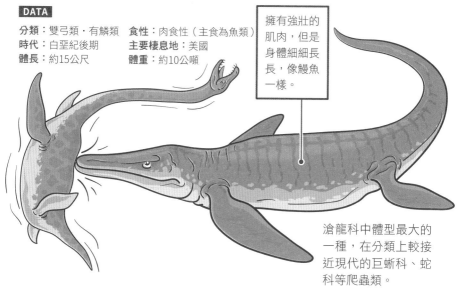

擁有強壯的肌肉，但是身體細細長長，像鰻魚一樣。

滄龍科中體型最大的一種，在分類上較接近現代的巨蜥科、蛇科等爬蟲類。

貪婪的海中獵人

　　海王龍是一種相當貪吃的動物，不管是小型的魚類還是大型的鯊魚，甚至是海鳥或是其他的滄龍類動物，只要體型比牠小，幾乎都會變成食物。牠有著非常長且肌肉發達的尾巴，可以在海中突然加速，有一派說法是牠會先以又硬又細的嘴巴前端將獵物撞傷，再將獵物一口吞下。

滄龍出現之後，魚龍就消失了

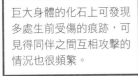

巨大身體的化石上可發現多處生前受傷的痕跡，可見得同伴之間互相攻擊的情況也很頻繁。

　　出現在白堊紀的滄龍，<u>不管是體型大小還是強壯程度都在滄龍類中首屈一指</u>。原本在三疊紀和侏羅紀大量出現的魚龍，到了白堊紀後期因為海中霸主滄龍和其他蛇頸龍類的獵殺而滅絕了。

雖然是海中最強生物，但缺乏立體視覺，而且嗅覺非常遲鈍。

滄龍（*Mosasaurus*）

DATA

分類：雙弓類・有鱗類或滄龍類
食性：肉食性（主食為魚類）
時代：白堊紀後期
主要棲息地：英國、荷蘭、比利時、美國
體長：約15公尺
體重：約40公噸

下顎有著許多巨大而尖銳的牙齒，就連貝類也能咬碎。

小知識

什麼都要吞下肚的貪吃鬼

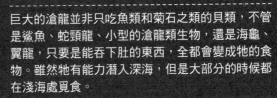

巨大的滄龍並非只吃魚類和菊石之類的貝類，不管是鯊魚、蛇頸龍、小型的滄龍類生物，還是海龜、翼龍，只要是能吞下肚的東西，全都會變成牠的食物。雖然牠有能力潛入深海，但是大部分的時候都在淺海處覓食。

特別篇 08

恐龍時代
就已存在的現代生物

平安度過大滅絕災厄的生物

　　恐龍大量出現的中生代，大約是距今2億5000萬年前至6600萬年前。目前已知最早的恐龍，是三疊紀的始盜龍和艾雷拉龍。

▲齒龜是目前已知最古老的龜類。

　　人類的出現時間大約僅是500萬年前的新生代，但恐龍卻早在2億3000萬年前就存在，並且歷經了1億6000萬年的漫長演化過程。事實上有些你我所熟知的動物，在恐龍時代就已經出現，例如鱷魚、烏龜之類的爬蟲類，以及一些小型的哺乳類動物。科學家在發現最原始恐龍的地層裡，也發現了這些動物的化石。

　　另一方面，在棘龍生存的白堊紀，開始出現會開花結果的被子植物，到了暴龍生活的白堊紀後期，許多昆蟲的外貌和現代昆蟲沒有太大差別。

▲在恐龍出現之前的石炭紀，曾經有過翅膀張開可達70公分的巨大蜻蜓（巨脈蜻蜓）。

122

Chapter 05

恐龍的起源和滅絕

恐龍是從哪裡來的？為什麼能夠大量繁衍？後來又為何滅絕了？讓我們根據最新的恐龍研究報告，來一窺恐龍的起源、生態和滅絕的過程吧！

恐龍的祖先
從水裡爬上了陸地

恐龍的祖先 | 恐龍的祖先在漫長的歲月裡度過了種種危機，演化成各種模樣。

魚石螈（*Ichthyostega*）

DATA

分類：四足形類・堅頭類　　食性：肉食性？
時代：泥盆紀後期　　　　　主要棲息地：格陵蘭
體長：約90公分　　　　　　體重：不明

長長的尾巴上有著類似腔棘魚的鰭。

前肢關節的可轉動範圍太窄，沒辦法四足步行。

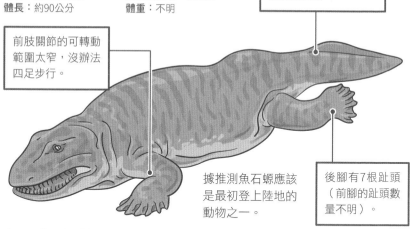

據推測魚石螈應該是最初登上陸地的動物之一。

後腳有7根趾頭（前腳的趾頭數量不明）。

魚石螈沒辦法四足步行

　　魚石螈在恐龍還沒有出現的泥盆紀後期自水裡爬上陸地生活，但還不能算是四足動物，因為牠的4隻腳還沒有完全演化為能在陸地行走的狀態，據推測只能像大彈塗魚一樣以短短的前腳在地面上匍匐爬行。生活在相同時代的棘螈也是類似的生物，但比魚石螈有著更接近魚類的原始特徵。

從原始的四足動物到爬蟲類

　　在古生代的泥盆紀爬上陸地的四足動物，安然度過了有著舒適廣大森林的石炭紀，在二疊紀演化出爬蟲類。另一方面，哺乳類的祖先則在石炭紀的末期走上了另一條道路，演化出了合弓類*。**爬蟲類接下來進入了非常輝煌的時代，演化出了魚龍、蛇頸龍、蜥蜴類（後來演化出蛇類、滄龍）、龜類、鱷類、翼龍和恐龍等各種動物。**

*合弓類：早期的哺乳類祖先。外觀類似蜥蜴，因此又被稱作「似哺乳爬行動物」（但並不隸屬於爬蟲類）（p.127）。

**現代爬蟲類和恐龍
的身體結構完全不同**

現代爬蟲類
四肢幾乎以平行的角度往兩側伸出，再彎向地面，停止不動的時候腹部會抵著地面。

恐龍
以位於軀幹正下方的筆直雙腿支撐體重，並且以頭部和尾部維持平衡。

小知識

P-T滅絕事件

發生於二疊紀和三疊紀之間的滅絕事件，稱作「P-T滅絕事件（Permian－Triassic extinction event）」。可能是海中氧氣減少或火山噴發，導致生物大量滅絕。根據估計，約有82%科*的脊椎動物完全消失，不過恐龍的祖先在這場大滅絕災厄中存活了下來，從此進入恐龍時代。

*科：生物的分類階級之一，在「屬」的上面。

競爭者的滅絕
造就了恐龍的活躍

關鍵字

| 各種演化風貌 | 競爭者的滅絕和植物的大量生長等因素，造就了恐龍的多樣演化，也讓恐龍的體型越來越大。 |

恐龍活躍的理由

① 競爭者的滅絕，讓恐龍成為唯一的贏家

三疊紀的末期至侏羅紀的初期，地球曾發生生物大滅絕事件，許多和恐龍競爭的大型動物都滅絕了，讓恐龍進入獨贏的狀態。三疊紀時期恐龍的最大競爭者，是和恐龍同樣從主龍類分化出來的鱷類近親「鑲嵌踝類」。但後來鑲嵌踝類滅絕了，讓恐龍在接下來的侏羅紀、白堊紀進入全盛時期，至於為什麼鑲

原本和恐龍爭奪食物的敵人都消失了。

鑲嵌踝類會滅絕？目前科學家還沒有找到原因。

恐龍平安度過了三疊紀末期的大滅絕災厄

在漫長的中生代裡，恐龍成功演化出了各種面貌。其實在三疊紀的後期，恐龍剛出現的時候，不僅種類少，而且體型也很矮小，屬於少數派的生物。然而到了三疊紀的末期，絕大部分和恐龍競爭的大型兩棲類、爬蟲類和似哺乳爬行動物都滅絕了，只有鱷類、龜類和恐龍存活了下來。

侏羅紀的氣候促成了恐龍的活躍

在大滅絕災厄中倖存下來的恐龍，能夠大量繁衍且體型越來越大，主要得歸功於侏羅紀的氣候。侏羅紀比現代溫暖得多，降雨量也較多，陸地上長出了各式各樣的巨大植物。除了裸子植物的分布範圍越來越廣之外，侏羅紀後期還出現了果實營養價值較高的被子植物。植物的多樣化，造就了恐龍的多樣化。隨著植食性恐龍越來越大，肉食性恐龍也越來越大。到了侏羅紀的後期，一部分的獸腳類恐龍演化成了鳥類。

② 植物的滋生亦造就恐龍的多樣化和大型化

當生物在生態系統裡進入了沒有競爭對手的獨贏局面，往往會迅速演化出各種面貌。恐龍的種類變得如此多樣化，也得歸功於沒有競爭者。除此之外，中生代的陸地上大量滋生著各種針葉樹、銀杏樹、蘇鐵類植物和蕨類植物，再加上恐龍擁有適合大型化的體質，植食性恐龍在食物充足的狀況下變得越來越

食物豐富加上生活範圍廣，造就了恐龍的多樣化。

巨大，肉食性恐龍為了和其對抗，體型自然也越來越大。

小知識

什麼是「似哺乳爬行動物」？

「似哺乳爬行動物」是一群主要生活在二疊紀，曾經和恐龍共存的動物。牠們有一些特徵和哺乳類相同，例如頭骨的眼睛後方只有一對孔洞和牙齒的形狀較複雜等。其同類中的三瘤齒獸類一直存活到了白堊紀。

大部分的恐龍都是植食性，肉食性恐龍只占一小部分

關鍵字

恐龍的食性	肉食性恐龍往往會吸引恐龍迷的目光，但其實大部分的恐龍都是植食性。

植食性恐龍

恐龍絕大部分都是植食性。牠們的食物包含蕨類植物、針葉樹、銀杏樹、蘇鐵類植物和棕櫚類植物的葉子。進入白堊紀之後，還出現了營養價值更高的被子植物*。

*被子植物：會開花、結果的植物。在地球上的陸生植物中，約有9成是被子植物。

肉食性恐龍

以植食性恐龍為食物的恐龍，主要為獸腳類，例如生活在北美地區的早期獸腳類恐龍腔骨龍，會捕捉小型動物當作食物。不過在獸腳類之中，還是有一些恐龍是雜食性或植食性。

植食性恐龍不論種類還是數量都占了絕大多數

說起恐龍，很多人首先想到的都是暴龍、異特龍等肉食性恐龍。但其實在所有的恐龍中，<u>只有獸腳類恐龍才是肉食性，屬於少數分子。不論由種類還是數量來看，都是植食性恐龍占了絕大多數</u>。肉食性恐龍能夠存活，正是因為植食性恐龍夠多的關係。

板龍 (*Plateosaurus*)

DATA

分類：蜥臀類・古蜥腳類　　食性：植食性
時代：三疊紀後期
主要棲息地：德國、法國、瑞士、格陵蘭
體長：約8公尺　　　　　　體重：約1公噸

脖子又細又長，能夠
吃到高處的葉子。

前肢的巨大鉤爪能夠
攀住樹木。

板龍曾經是劃時代的植食性動物

　　早期的陸生植食性動物，只能吃生長在地表附近的植物。直到進入三疊紀後，才出現了有著長脖子的古蜥腳類恐龍，能夠吃到高處的樹葉。牠們是蜥腳類恐龍的近親，同樣擁有能夠輕鬆磨碎植物的下顎和牙齒。

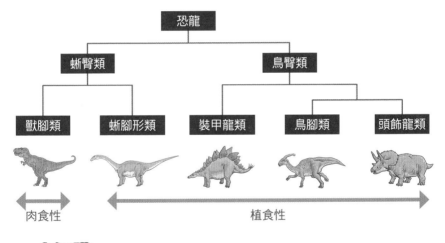

小知識

有些蜥腳形類恐龍是雜食性？

蜥腳形類的大椎龍和板龍除了有能將樹葉磨碎的牙齒之外，還擁有適合捕捉小動物的尖牙。科學家根據這一點，推測蜥腳形類的某些恐龍雖然基本上以植物為主食，但有時也會捕捉小動物當作食物。

恐龍的身上
有著柔軟的羽毛

關鍵字

帶羽恐龍 | 根據近年來的研究，除了獸腳類恐龍之外，其他恐龍身上可能也有羽毛。

中華龍鳥（*Sinosauropteryx*）

DATA

分類：蜥臀類·獸腳類　**食性**：肉食性
時代：白堊紀前期　　　**主要棲息地**：中國
體長：約1公尺　　　　**體重**：約1公斤

和其他獸腳類恐龍比起來，脖子較長而尾巴較短。

從頭部到長長的尾巴都覆蓋著羽毛。

葬火龍（*Citipati*）

DATA

分類：蜥臀類·獸腳類　**食性**：雜食性
時代：白堊紀後期　　　**主要棲息地**：蒙古
體長：約2.5公尺　　　**體重**：約75公斤

科學家研究巢穴化石，發現負責孵蛋的是雄恐龍。

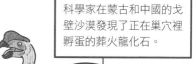

科學家在蒙古和中國的戈壁沙漠發現了正在巢穴裡孵蛋的葬火龍化石。

為數眾多的帶羽恐龍

　　絕大部分帶羽恐龍的化石都出土於中國，種類大多是接近鳥類的獸腳類恐龍，科學家根據這些化石，推測恐龍時代有非常多的恐龍身上都帶有羽毛。這些羽毛應該是從包覆著身體的鱗片演化而來。

獸腳類以外的恐龍身上也有羽毛

　　過去科學家認為羽毛是分類上較接近鳥類的獸腳類恐龍的特徵。但是近年來，科學家不僅在鸚鵡嘴龍（頭飾龍類）的尾巴化石上發現了羽毛的痕跡，還挖到了庫林達奔龍（原始的鳥臀類恐龍）的帶羽化石。因此如今學界已認定除了獸腳類之外，其他種類的恐龍也有羽毛。

庫林達奔龍（*Kulindadromeus*）

DATA

分類：鳥臀類　　　　食性：植食性
時代：侏羅紀中期～後期　主要棲息地：俄羅斯
體長：約1公尺　　　　體重：約2公斤

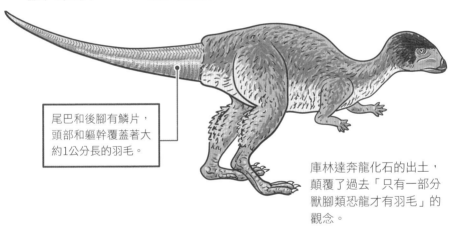

尾巴和後腳有鱗片，頭部和軀幹覆蓋著大約1公分長的羽毛。

庫林達奔龍化石的出土，顛覆了過去「只有一部分獸腳類恐龍才有羽毛」的觀念。

小知識

遠古時代的南極也有帶羽恐龍？

2019年，澳洲南部的早白堊世地層出土了一些保存狀態良好的帶羽恐龍化石。白堊紀前期時的澳洲和南極大陸相連，有著天寒地凍的氣候，或許正是因為太冷，所以恐龍身上才長出了羽毛。

恐龍的種類那麼多，是因為大陸分裂的關係

關鍵字

地殼變動	恐龍誕生在盤古大陸上，隨著大陸分裂，恐龍也各別演化出了不同的面貌。

◀三疊紀時代的大陸

在二疊紀的末期，勞倫大陸、波羅的大陸、岡瓦納大陸和西伯利亞大陸撞在一起，形成了超巨大的盤古大陸，但是進入三疊紀之後，盤古大陸開始分裂。

侏羅紀時代的大陸▶

到了侏羅紀中期，盤古大陸分裂為勞亞大陸和岡瓦納大陸，岡瓦納大陸又分裂為西岡瓦納大陸和東岡瓦納大陸。

恐龍誕生於超巨大的盤古大陸

　　大陸其實是懸浮在地球內部地函上頭的堅硬板塊，所有的陸地生物都生活在這些板塊上。這些板塊會以非常緩慢的速度移動。在石炭紀的時代，原本位於南半球的岡瓦納大陸撞上了位於赤道附近的歐美大陸，後來又和位在北半球的西伯利亞大陸撞在一起，<u>在恐龍誕生的三疊紀形成了超巨大的盤古大陸。</u>

在分裂的大陸上各自進行演化

在二疊紀至三疊紀這段期間，地球上除了盤古大陸之外沒有其他大陸，恐龍據推測應該是誕生於盤古大陸中央的乾燥地區。但是<u>進入侏羅紀之後，盤古大陸又因「大陸漂移」而分裂為勞亞大陸和岡瓦納大陸</u>。到了白堊紀，分散在各大陸的恐龍為了適應自己生活的環境，而演化出了各種面貌。

◀白堊紀時代的大陸

西岡瓦納大陸分裂成了非洲大陸和南美洲大陸，形成了大西洋。東岡瓦納大陸則分裂成了印度次大陸、馬達加斯加島、南極大陸和澳洲大陸。

大陸漂移的原理

地球內部有大量的岩漿，稱作「地函」，大陸是懸浮在地函上的堅硬板塊，地函溫度非常高，會發生對流，對流帶著板塊移動，這種現象就稱作「大陸漂移」。

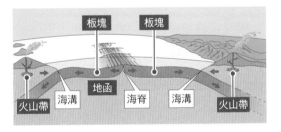

板塊　板塊

火山帶　海溝　地函　海脊　海溝　火山帶

小知識

大陸漂移的現象只發生在地球上

科學家認為只要是地球類型的行星*，或是由岩石組成的衛星，內部必定有地函，例如水星的地函含有大量的硫磺，而火星的地函含有大量的氧化鐵。但目前科學家並沒有在地球以外的行星，觀測到大陸漂移的現象。

*又稱為「類地行星」，構造和地球相似，主要由岩石和金屬所構成，以含鎂和鐵的矽酸鹽為主。

恐龍滅絕的原因可能是隕石撞擊地球，也有可能是火山爆發

關鍵字

隕石撞擊地球

恐龍為什麼會滅絕？目前的主流觀點，是巨大隕石撞擊地球，造成環境突然改變。

巨大隕石的墜落造成了生物大滅絕

恐龍、翼龍和蛇頸龍會在白堊紀末期滅絕，據推測有可能是因為一顆巨大隕石墜落在墨西哥的猶加敦半島北部。

這顆隕石的直徑約10公里，疑似遭隕石撞擊所形成的隕石坑，直徑更是達160公里。有學者推估這顆隕石撞擊地球所形成的能量，是廣島型原子彈的30億倍。巨大的能量引發化學反應，導致大量的二氧化碳和硫酸隨著爆炸的塵埃覆蓋整個地球表面，遮蔽了日光，使植物無法進行光合作用。其結果造成植物數量大幅減少，植食性恐龍因而滅絕，不久後肉食性恐龍也跟著滅絕。

①隕石墜落

隕石墜入海中，引發的海嘯高達300公尺。灼熱的隕石碎片往四面八方飛濺，甚至波及地球的另一側。全球各地都發生了大規模的火災。

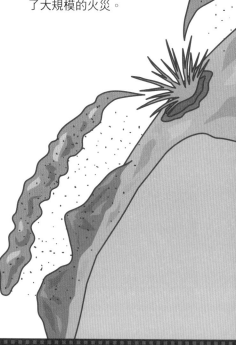

②塵埃擴散至大氣中

隕石撞擊產生的能量，和地表成分發生化學反應，形成大量的二氧化碳和硫酸。無數的塵埃隨著爆炸擴散至整個地球的大氣圈。

③植物大幅減少

塵埃和二氧化碳籠罩整個地球天空，遮蔽了陽光，植物無法進行光合作用，導致植物和植物性浮游生物大幅減少。

⑤肉食性恐龍跟著滅絕

最後，以捕食植食性恐龍維生的肉食性恐龍，也跟著滅絕了，這就是全球性環境變化所造成的結果。

④植食性恐龍滅絕

植食性恐龍身體龐大且數量眾多，必須要有相當多的植物才能維持生存。一旦植物大幅減少，植食性恐龍當然陸續死亡，最終導致全部滅絕。

小知識

有些動物為何存活了下來？

白堊紀末期的大滅絕，讓恐龍從地球上消失。但是由獸腳類恐龍所演化成的鳥類，以及龜類、蜥蜴類、兩棲類和昆蟲等部分動物卻存活了下來。目前科學家還沒有找到這些動物能夠存活的理由。

火山大量噴發

目前沒有任何關鍵證據能證明火山爆發造成恐龍滅絕，但必定對恐龍的生活造成相當的影響。

火山爆發
造成地球環境改變？

　　有學者主張火山爆發是造成恐龍滅絕的原因之一。從白堊紀末期的地層來看，可以發現印度次大陸有大量熔岩的痕跡，證明了火山活動的噴發物造成地球環境快速改變。

　　印度的德干高原一塊面積超過52萬平方公里的巨大玄武岩，就是在這場火山爆發中形成的，不難想像規模有多大（全日本的領土加起來也只有37萬平方公里）。這次爆發持續約200萬年，雖然無法證實是恐龍滅絕的直接原因，但一定對地球環境造成相當大的影響。

①發生大規模的火山爆發

印度次大陸發生了巨大規模的火山噴發現象，煙霧進入了大氣層最外圍的平流層，無數塵埃和氣體隨著氣流飄散至全世界。

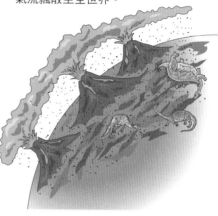

②地球環境快速變化

火山噴發所形成的煙霧覆蓋了全世界的天空，遮蔽了陽光，導致植物減少、氣溫下降，這些都是造成恐龍滅絕的原因。

小知識

還有其他奇特的滅絕原因理論

關於恐龍滅絕尚有其他說法：有學者認為是傳染病、有學者認為是超新星爆發導致宇宙射線進入地球、有學者認為是恐龍吃了有毒的植物，還有學者認為是地球磁極移動造成氣象異常。

逐漸滅絕的可能性	有學者主張早在巨大隕石撞擊地球之前，恐龍的數量就已大幅減少。

恐龍是在漫長的歲月裡慢慢消失的？

想要找出恐龍滅絕的真正原因，就必須先確認恐龍的滅絕是短時間內突然發生的現象，還是在漫長歲月裡慢慢發生的現象。

如果是隕石撞擊地球導致環境快速變化，照理來說應該會在短時間之內滅絕。但如果是火山噴發造成氣候改變，恐龍很可能是在漫長的歲月裡慢慢衰亡。

根據最新研究，**恐龍的種類在白堊紀末期慢慢減少，到了大約6600萬年前，只剩下少數幾種恐龍還存活**。當然隕石墜落和火山噴發都可能是原因。

7500萬年前 ▷ 11科30屬

7000萬年前 ▷ 23屬

6800萬年前 ▷ 18屬

6650萬年前 ▷ 7屬

小知識

小型哺乳類動物對恐龍造成了影響？

白堊紀的後期出現許多像老鼠一樣的小型哺乳類動物，牠們都是夜行性動物，和肉食性恐龍不同，恐龍很難捕捉到牠們，反而是恐龍蛋、幼龍和各種植物變成這些靈活哺乳類動物的食物，有學者認為哺乳類小動物也是造成恐龍衰亡的原因之一。

什麼是「骨床」？

各國都有「骨床」出土

在挖掘化石的時候，有時會從某個地層的某個位置中發現大量的恐龍骨頭碎片、鱗片或牙齒的化石，像這樣的地點就稱作「骨床」。到目前為止，科學家已在南北美洲、阿根廷、蒙古、中國等地區發現過骨床。其中最有名的是美國的異特龍骨床和加拿大的亞伯達龍骨床。狹小的地點堆滿了骨頭的景象，簡直像是「恐龍的墓園」。

形成「骨床」的2種可能理由

理由①

一群恐龍在渡河的時候，因為某種原因集體溺死。

理由②

死在不同地方的恐龍屍體或骨頭被洪水沖到同一處。

歡迎光臨
恐龍統治的世界

....

索引

....

從下一頁起，
將依照筆畫順序列出
恐龍和其他爬蟲類動物的名稱。

名稱右側的數字代表介紹該恐龍的頁碼。
紅色的數字代表該頁有恐龍的圖片。

索引

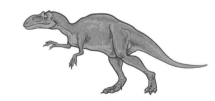

主要参考文献

『恐竜は滅んでいない』小林快次 著(KADOKAWA)

『恐竜時代 I ―起源から巨大化へ』小林快次 著(岩波書店)

『恐竜まみれ 発掘現場は今日も命がけ』小林快次 著(新潮社)

『最新の研究でわかった!恐竜の謎(SAKURA・MOOK 49)』小林快次 協力(笠倉出版社)

『NHKスペシャル 恐竜超世界』NHKスペシャル「恐竜超世界」制作班 著、小林快次、
小西卓哉 監修、ナショナルジオグラフィック 編集(日経ナショナルジオグラフィック社)

『大人のための「恐竜学」』土屋健 著、小林快次 監修(祥伝社)

『恐竜の教科書』ダレン・ナイシュ、ポール・バレット 著、
小林快次、久保田克博、千葉健太郎、田中康平 監訳(創元社)

『生物の進化 大図鑑』マイケル・J・ベントン他 監修(河出書房新社)

『学研の図鑑 恐竜の世界』真鍋真 監修(学研教育出版)

『小学館の図鑑NEO[新版]恐竜』(小学館)

『よみがえる恐竜図鑑 超ビジュアルCG版』スティーブ・ブルサット 著、北村雄一 監修、
椿正晴 訳(SBクリエイティブ)

『日経BPムック ナショナル ジオグラフィック 別冊[6]
恐竜がいた地球 2億5000万年の旅にGO!』(日経ナショナル ジオグラフィック社)

『大人の恐竜図鑑』北村雄一 著(筑摩書房)

『図解雑学 恐竜の謎』平山廉 著(ナツメ社)

『最新恐竜学』平山廉 著(平凡社)

『「恐竜」7大ミステリー』(宝島社)

『恐竜ビジュアル大図鑑』土屋健 著(洋泉社)

『誰かに話したくなる恐竜の話』平山廉 著(宝島社)

『The Princeton Field Guide to Dinosaurs 2ND EDITION』Gregory S. Paul 著
(Princeton University Press)

國家圖書館出版品預行編目(CIP)資料

歡迎光臨恐龍統治的世界：穿越一億六千萬年，令
你知識淵博的恐龍圖鑑 / 小林快次監修；李彥樺譯.
-- 初版. -- 新北市：小熊出版：遠足文化事業股份
有限公司發行, 2022.01
144面；14.8×21公分. -- (廣泛閱讀)
ISBN 978-626-7050-46-0(平裝)

1.爬蟲類化石 2.通俗作品

359.574   110019222

廣泛閱讀

歡迎光臨恐龍統治的世界：穿越一億六千萬年，令你知識淵博的恐龍圖鑑

監修：小林快次　翻譯：李彥樺　審訂：蔡政修（國立臺灣大學生命科學系助理教授）

總編輯：鄭如瑤｜協力主編：劉子韻｜美術編輯：李鴻怡｜行銷副理：塗幸儀

社長：郭重興｜發行人兼出版總監：曾大福
業務平臺總經理：李雪麗｜業務平臺副總經理：李復民
海外業務協理：張鑫峰｜特販業務協理：陳綺瑩｜實體業務協理：林詩富
印務協理：江域平｜印務主任：李孟儒

出版與發行：小熊出版・遠足文化事業股份有限公司
地址：231 新北市新店區民權路 108-3 號 6 樓｜電話：02-22181417｜傳真：02-86672166
客服專線：0800-221029｜客服信箱：service@bookrep.com.tw
E-mail：littlebear@bookrep.com.tw｜Facebook：小熊出版
劃撥帳號：19504465｜戶名：遠足文化事業股份有限公司
讀書共和國出版集團網路書店：http://www.bookrep.com.tw
團體訂購請洽業務部：02-22181417 分機 1132、1520

法律顧問：華洋國際專利商標事務所／蘇文生律師｜印製：凱林彩印股份有限公司
初版一刷：2022 年 01 月｜定價：360 元｜ISBN：978-626-7050-46-0

CHO RIARU KYORYU SABAIBARU ZUKAN supervised by Yoshitsugu Kobayashi
Copyright © 2020 G.B. Co., Ltd.
All rights reserved.
Original Japanese edition published by G.B. Co., Ltd.

This Complex Chinese edition is published by arrangement with G.B. Co., Ltd., Tokyo
c/o Tuttle-Mori Agency, Inc., Tokyo, through Future View Technology Ltd., Taipei.

小熊出版讀者回函　小熊出版官方網頁